LE MONDE
A-T-IL ÉTÉ CRÉÉ
EN SEPT JOURS ?

Du même auteur

S'adapter ou périr : Covid-19, faire front, Éd. de l'Aube, « Le monde en soi », 2020.

Et l'évolution créa la femme : coercition et violences sexuelles chez l'homme, Odile Jacob, « Sciences humaines », 2020.

Chez les chimpanzés, il n'y a pas besoin d'arbitre, Cherche Midi, « Homo Ludens », 2020.

Une époque formidable : dialogue avec Denis Lafay, Éd. de l'Aube, « Essais », 2019.

Qui va prendre le pouvoir ? : les grands singes, les hommes politiques et les robots, Odile Jacob, « Sciences humaines », 2017 ; « Sciences », 2019.

L'Intelligence artificielle et les chimpanzés du futur, Odile Jacob, « Sciences humaines », 2019.

Le Nouvel Âge de l'humanité, Allary éditions, 2018.

Premiers Hommes, Flammarion, 2016 ; « Champs », 2018.

La Marche : sauver le nomade qui est en nous, Autrement, « Les Grands Mots », 2015.

Le Retour de Madame Neandertal : comment être sapiens ?, Odile Jacob, 2015 ; « Poches Odile Jacob », 2020.

De Darwin à Lévi Strauss : l'homme et la diversité en danger, Odile Jacob, « Sciences humaines », 2013 ; « Sciences », 2015.

Le Monde a-t-il été créé en sept jours ?, Perrin, 2009 ; « Champs », 2015.

Il était une fois la paléoanthropologie : quelques millions d'années et trente ans plus tard, Odile Jacob, 2010 ; « Sciences », 2014.

Les Premiers Outils, Le Pommier, « Le collège », 2013.

Au commencement était l'homme : de Toumaï à Cro-Magnon, Odile Jacob, 2003 ; « Poches Odile Jacob », 2013.

L'Homme est-il un grand singe politique ?, Odile Jacob, « Sciences humaines », 2011 ; « Sciences », 2013.

Un paléoanthropologue dans l'entreprise : s'adapter et innover pour survivre, Éd. d'Organisation, 2011.

Qu'est-ce que l'humain, Le Pommier, « Le collège », 2010.

Pascal Picq

LE MONDE A-T-IL ÉTÉ CRÉÉ EN SEPT JOURS ?

Champs histoire

Publication originelle sous la direction éditoriale de Mary Leroy

ISBN : 978-2-0802-4378-2

En hommage à Lewis Carroll

et à Alice,
la muse des sciences.

Préambule

« La véritable création commence
où finit le langage. »

Arthur KOESTLER,
Le Cri d'Archimède.

Comment le monde est-il venu au monde ? Tous les peuples de la Terre, d'aujourd'hui et d'hier, peuples de l'oralité et de l'écriture, se sont interrogés, s'interrogent sur les origines du Cosmos. Ils ont imaginé une diversité fascinante de récits oraux puis, plus tard, en fait très tard dans l'histoire naturelle de l'humanité, ont rédigé des textes qui sont devenus sacrés par la grâce des Ecritures.

A quand remontent ces plus anciens récits des origines ? Pour ce faire, il fallait en effet que l'Homme soit d'abord capable de narration, d'un langage inventeur et porteur d'imaginaire. On a écrit « que le verbe soit », le Cosmos ne pouvant exister que par la révélation du récit. Mais, par une étrange distorsion de l'esprit des hommes, une civilisation fondée sur les

Ecritures s'est arrogé la mission d'imposer une seule vision du monde et de Dieu avec la croyance en une création spontanée : l'émergence du Cosmos depuis le rien grâce à l'intervention d'une entité divine et unique. Alors il fut écrit que le monde a été créé en quelques jours et qu'il était immuable. Telle est la vérité qui, pour s'imposer, renie tous les autres récits, jugés archaïques, païens, démoniaques, blasphématoires. Rien d'autre ne saurait exister, ni avant ni à côté. Ce qu'on appelle l'histoire, consubstantielle de l'invention de l'écriture et des écritures, est devenue une entreprise de destruction de l'histoire naturelle et orale de l'humanité. Car, en effaçant la diversité des autres mythes et croyances, on a supprimé définitivement toute possibilité de reconstituer la phylogénie des cosmogonies qui s'enracine dans des temps qui se comptent désormais en centaines de milliers d'années.

Si on admet que les plus anciens récits cosmologiques, forcément oraux, sont liés aux grands événements de la vie, comme la naissance et la mort, alors ils remontent à plus de 300 000 ans. Si les paroles préhistoriques comme les cris des nouveau-nés ne se fossilisent pas, les rituels autour des défunts traversent les épreuves de l'effacement du temps. Les plus anciens vestiges d'actes dédiés aux morts proviennent du « puits aux ossements » d'Atapuerca, dans le nord de l'Espagne. Là, très loin au fond de longs corridors étroits s'enfonçant sous la terre, à des centaines de mètres de la lumière du jour, furent déposés les corps d'une trentaine d'individus, de tous âges et des deux sexes. Parmi les ossements, se trouve un magnifique outil façonné dans une pierre rare et jamais utilisé. Les femmes et les hommes ne déploient pas autant d'efforts sans de profondes incitations portées par des croyances sur la vie et le Cosmos. Qui étaient ces femmes et ces hommes ? Ni des Homo sapiens, *comme nous, ni des hommes de Neandertal, mais les ancêtres de ces derniers. Comme les* Homo sapiens *et les* Homo neanderthalensis *enterrent leurs morts depuis plus de 100 000 ans, cela veut dire une chose toute simple : se préoccuper des défunts, s'interroger sur la vie et la mort remonte à notre dernier ancêtre commun,* Homo heidelbergensis. *Cela fait plus de 500 000 ans que les hommes sont humains, par-delà la diversité des espèces et par-delà des centaines de millénaires. Les récits des origines remontent à la nuit des temps immenses de la préhistoire et précèdent les origines de notre espèce. Il y eut une longue évolution des croyances, des rituels et des récits sur le monde bien avant la Création. L'évolution précède la Création.*

Les sciences de l'Univers, de la Terre, de la vie et de l'Homme dissocient trois grandes questions : celle des origines de l'Univers et de la Terre, celle des origines de la vie et celle des origines de l'Homme, séparées par des milliards d'années. Il en va autrement de la multitude des récits – oraux et écrits – sur les origines du Cosmos, qui en font des événements sinon simultanés, en tout cas liés par nécessité ou diverses causes métaphysiques, et de toutes les façons indissociables. Ces cosmogonies se retrouvent dans les mythologies, les religions et même les philosophies, et présentent une caractéristique commune : elles sont anthropo-

centriques, c'est-à-dire organisées autour de l'Homme, avec une conception du temps et de l'espace à l'échelle de la vie de l'Homme. La science, selon une expression attribuée à Freud, infligea plusieurs blessures à l'amour-propre de l'humanité en faisant éclater ce cadre anthropocentrique pour situer l'Homme en un lieu minuscule du Cosmos et confiné dans un instant temporel aussi court qu'improbable. D'autres parlent de désenchantement du monde.

Ce livre, bien modeste devant l'immensité et l'ancienneté du thème abordé, commence par le plus grand récit des origines selon les sciences, le « Grand Récit », d'après l'expression de Michel Serres qui le définit ainsi : « J'appelle le Grand Récit l'énoncé des circonstances contingentes émergeant tour à tour au cours d'une durée, d'une longueur colossale, dont la naissance de l'Univers marque le commencement et qui continue par son expansion, le refroidissement des planètes, l'accrétion de la nôtre, l'apparition de la vie sur la Terre, l'évolution des vivants telle que la conçoit le néo-darwinisme et celle de l'Homme. » C'est aussi le plus grand des récits parce qu'il rassemble toutes les civilisations, toutes les cultures et toutes les femmes et les hommes, d'hier et d'aujourd'hui, d'ici et d'ailleurs, dans une communauté d'origine, bien avant l'éclatement babélien des langues et des cosmogonies orales ou écrites. Puis, dans une deuxième partie, vient le temps des mythes, et des récits sur les commencements du monde, façonnés par l'imaginaire infini des hommes. Pourtant, ces imaginaires se nourrissent de quelques éléments récurrents, présentent des analogies sur leurs formes et leurs contenus. Il reste à accomplir une grande œuvre anthropologique, engagée par Claude Lévi-Strauss, sur une phylogénie des mythes. Eux aussi ont des origines et une évolution, comme les langues qui les narrent. Car, depuis la profondeur des temps de la préhistoire des terres rouges d'Afrique, les populations humaines ont migré avec leurs gènes, leurs langues et leurs mythes. L'arborescence des langues se fond sur celle des gènes et, certainement, sur celle des mythes qui reste à reconstituer. Ainsi, au pied des arbres des forêts ancestrales d'Afrique comme de l'arbre cosmique présent dans presque tous les mythes, serpentent les mêmes racines plongeant profondément vers les mêmes questions, celles des origines.

1

Tiens, voilà l'Univers !

« Depuis le Big Bang, tout commence
à mourir à l'instant même de naître.
L'Univers n'est qu'un élan vers l'usure
et la mort. »

Jean D'ORMESSON,
Voyez comme on danse.

De passage d'un univers à l'autre et au sortir d'un trou noir, il trouva un univers tout chiffonné. Cela l'intrigua. Il le saisit et entreprit de démêler toutes ces cordes enchevêtrées dans toutes leurs dimensions. Libérées, elles se mettent à vibrer et tissent un espace-temps qui, dès lors, ne cesse d'élargir ses mailles vers les limites de son propre infini. Sur cette immense toile se concentrent des nuages de poussières annonciateurs de galaxies et de leurs milliards d'étoiles dont, bientôt, jaillit la lumière qui les consume. Alors des planètes sortent de l'obscurité et font la ronde, présen-

tant leur face aux rayons de chaleur selon leurs inclinaisons. Parmi les myriades de galaxies, il y a la voie lactée et, au bout de l'un de ses grands bras tendu dans l'espace, une petite étoile, le Soleil. A ce moment de l'histoire, l'Univers est déjà âgé de 9 milliards d'années. Alors que la vie commence !

On ne refait pas l'histoire et encore moins les textes de la Genèse. Mais *si*, comme dans les contes, on appliquait la formule magique « il était une fois » pour revenir 5 000 ans en arrière, et *si* les auteurs de ces textes avaient eu la connaissance de nos sciences actuelles sur les commencements de l'Univers, leurs récits en auraient été bien différents... Certes, avec des « si », on peut mettre l'Univers dans une bouteille ou dans une coquille de noix, selon l'expression de Stephen Hawking. Cependant, ces connaissances scientifiques n'auraient pas obéré l'esprit du texte, lequel fait intervenir un être transcendant et masculin dans la tradition monothéiste, et propose une construction qui n'est pas sans rappeler les neuf mois de la gestation humaine avant la venue au monde d'un être tout fripé, jeté ainsi dans la vie.

On peut oser rappeler une analogie encore plus troublante entre l'enchevêtrement mystérieux des cordes et le tableau de Courbet *L'Origine du monde*. Mais l'analogie trouve vite sa limite, car mon petit essai de cosmogonie ne prend pas en compte le mythe de la Création, qui fait émerger un seul univers du néant par un acte surnaturel. L'idée de multivers ou de pluralité des mondes s'oppose en effet à un acte de création unique, dogme encore intangible de la tradition monothéiste qui, sous la Renaissance, a conduit Giordano Bruno sur le bûcher. Un demi-siècle plus tard, Cyrano de Bergerac, le vrai, écrivait une *Histoire comique des Etats et des empires de la Lune* suivie d'une *Histoire comique des Etats et des empires du Soleil*, publiées à titre posthume, car le comique n'est pas compatible avec le dogmatique, encore moins s'il s'inspire d'idées philosophiques et libertines venant des sciences.

Pendant ce temps, Spinoza polissait des verres de lunette astronomique et travaillait à sa conception panthéiste du monde. Pour autant, jusqu'à Einstein, va dominer l'idée d'un univers unique et stable, puisque « Dieu ne joue pas aux multivers ». Ainsi donc l'une des conséquences de la physique moderne née au début du XXe siècle fut d'établir que l'Univers a un commencement, ce qui posa très vite en creux une question plus délicate pour les sciences, celle des origines.

Des origines à la cosmologie

Longtemps les sciences ont pris soin d'éviter la question des origines, osant à peine frôler celle des commencements, de peur d'y perdre la raison. Dans une lettre à la reine Christine, Galilée écrit : « La science dit comment va le ciel ; la religion dit comment on va au ciel. » Cette séparation des magistères, qui distingue la volonté de savoir du mystère sacré, ne touche pas à la question des origines de l'Univers, de la Vie ou de l'Homme. Selon la belle expression de Buffon, « la science s'occupe des causes secondes, non pas des causes premières ». Le rôle des sciences consiste alors à honorer l'œuvre de la Création et les lois providentielles instaurées par le Créateur pour que tout soit en harmonie. Dans le texte de la Genèse, chaque étape du récit de la Création est rythmée par cette même réflexion : « et Dieu dit que c'était beau ». L'Univers n'aurait donc pas changé depuis la Création, il serait stable. Bien sûr, on a observé des mouvements, mais ils sont d'une grande stabilité, comme les courses des planètes autour de leurs astres lumineux. Les lois de la gravitation de Newton décrivent un Cosmos animé de lois universelles, sans que le temps intervienne, si ce n'est comme variable pour calculer les vitesses et les accélérations. Même si « et pourtant elle tourne », d'après une remarque incertaine de Galilée à la fin de son procès, il s'agit encore de sages révolutions, à l'instar des « révolutions du globe » du très fixiste Georges Cuvier, l'un des grands fondateurs de la paléontologie, la science qui s'intéresse à l'histoire de la Vie sur la Terre. Mais malgré les efforts de Cuvier et de tant d'autres, la véritable révolution des origines viendra des sciences de la vie et de la Terre et touchera l'ensemble du Cosmos.

En 1844, Charles Darwin écrit une lettre à son ami Joseph Hooker, un grand botaniste qui suit la genèse de la pensée de celui qui va chambouler notre vision du monde. Dans cette lettre, Darwin lui confie se sentir en train de lui « avouer un meurtre ». Quel est ce meurtre ? Rien de moins que celui de la métaphysique. En choisissant pour titre de son livre majeur *L'Origine des espèces au moyen de la sélection naturelle*, il ouvre en effet un programme scientifique qui aborde par la méthode matérialiste des sciences la question des origines de la Vie, des espèces et de l'Homme. En fait, Darwin évite la question des origines et traite des mécanismes, comme la sélection naturelle, qui président à la transformation des espèces, autrement dit la théorie de l'Evolution. De Darwin à aujourd'hui, persiste cette ambiguïté : distinguer la question des origines ou de l'émergence de celle de l'Evolution ou de la transformation demeure une problématique. Mais s'il y a eu évolution, c'est parce qu'il y a un commencement : peut-on parler alors d'origine ?

Albert Einstein illustre magnifiquement l'ingérence de la métaphysique dans nos représentations du monde. Il est plus difficile d'échapper à l'attraction de nos mythes qu'à l'attraction universelle. Quand, tout petit, nous apprenons à marcher, à maîtriser la gravitation terrestre, nous sommes parallèlement imprégnés de la culture des parents et de la société par l'apprentissage d'une langue et de toutes les représentations du monde qu'elle véhicule. Einstein, comme tous les plus grands génies, commettra quelques erreurs mémorables, des erreurs suscitées par des conceptions cosmogoniques propres à la culture occidentale qui l'amènent à hésiter sur l'avènement d'une cosmologie moderne consécutive à ses propres travaux. D'ailleurs, pour des raisons autant esthétiques que scientifiques, il décide d'introduire une constante cosmologique dans son équation, de telle sorte que l'Univers soit statique et fini. C'est là toute la fascination des mathématiques, qui ouvrent les champs des possibles vertigineux, mais qui portent aussi en elles une tradition idéaliste au sens platonicien. Cela a conduit quelques-uns des plus grands esprits à hésiter entre l'imperfection du monde sublunaire et l'idée d'un monde extra-lunaire figé dans la beauté éternelle. La cosmétique mathématique dicte son esthétique au Cosmos !

Les travaux d'Einstein sont donc à l'origine des recherches actuelles sur les origines de l'Univers. Le terme cosmologie apparaît très récemment dans l'histoire des sciences, en 1831. Cette année-là est marquée par la découverte des hommes fossiles d'Engis en Belgique, les premiers hommes de Neandertal mis au jour, lesquels auraient dû s'appeler les hommes d'Engis. Cette même année, un jeune homme de 22 ans embarque pour un long voyage sur le navire *HMS Beagle*. De ce périple de cinq ans, il rapporte des observations qui vont changer l'histoire du monde : il s'agit de Charles Darwin. La Genèse s'en trouvera durablement bouleversée. Car on touche ici à une séparation, reprise dans la cosmogonie des Grecs, entre le monde céleste parfait et immuable, figé dans ses sphères éternelles, et le monde terrestre, celui des humains et des mortels. Pourtant, comment imaginer que les choses terrestres changent au cours du temps quand tout l'Univers, lui, demeurerait dans une beauté aussi fixe qu'indifférente ? Les travaux de Darwin ne vont guère influencer les physiciens et les astrophysiciens dont les plus grands, comme Herschel qu'il a connu personnellement, contestèrent vigoureusement sa théorie de l'Evolution, justement parce qu'elle impliquait une idée d'origine qui allait à l'encontre des textes sacrés. Trop tard : l'idée d'évolution était dans l'air, dans les esprits, et bientôt dans le ciel.

Albert Einstein aborde la question de la cosmologie dans un article de 1917 intitulé « Considérations cosmologiques sur la théorie de la relativité générale ». Dans une lettre à son ami Paul Ehrenfest, il écrit : « J'ai encore commis quant à la gravitation quelque chose qui m'expose au danger d'être enfermé dans un asile d'aliénés. » Devant la possibilité vertigineuse, et jusque-là interdite, de remonter aux origines, Einstein tranche et introduit la trop fameuse constante cosmologique : telle est la belle histoire de la naissance cachée de l'Univers.

Ce sont le Russe Alexandre Friedmann et surtout le Belge Georges Lemaître, homme d'Eglise et grand physicien, qui vont dégager les conséquences des équations de la relativité générale et en inférer que l'Univers n'est pas stable, a une histoire et donc une origine. C'est la naissance de la cosmologie moderne, vivifiée par Georges Lemaître qui aura toujours la grande vigilance intellectuelle d'éviter que la théorie dite aujourd'hui standard ou du Big Bang ne soit pas confondue avec le mythe de la

Création. En 1951, le pape Pie XII ouvre la voie d'une réconciliation entre les sciences et la religion catholique. Dans un discours devant l'Académie pontificale, cet amateur éclairé d'astronomie reprend les avancées les plus récentes de la cosmologie et dit : « Il semble, en vérité, que la science d'aujourd'hui, remontant d'un trait des millions de siècles, ait réussi à se faire le témoin de ce *fiat lux* initial, de cet instant où surgit du néant, avec la matière, un océan de lumière et de radiations, tandis que les particules des éléments chimiques se séparaient et s'assemblaient en millions de galaxies. » Ce texte séduit et inquiète. Toutes les doctrines nébuleuses fondées sur le littéralisme et une lecture fondamentaliste ou intégriste des textes de la Genèse sont ici réfutées. Pour autant, les scientifiques restent vigilants. Que ce soit pour eux comme pour les croyants. Georges Lemaître convainc Pie XII, qui avait si bien compris la théorie de son chanoine, de renoncer à ce « concordisme », l'avertissant qu'en science toute théorie peut être réfutée, le travail des scientifiques étant justement de vérifier la solidité d'une théorie ou d'un modèle par la réfutation. En effet, qui était témoin de la Création ? Qui rapporte les actes du Créateur ? Pour ce pape éclairé, la science jouerait ce rôle énigmatique du témoin anonyme qui raconte Dieu dans son ouvrage. Quant au *fiat lux* lui-même, qui évoque la séparation de la lumière et des ténèbres, il faut attendre 380 000 ans après le Big Bang. Heureusement, l'année suivante Pie XII renoncera à tout concordisme devant l'Union astronomique internationale, redéfinissant la séparation des magistères entre la religion et la science.

L'initiative de Pie XII était d'autant plus hardie que ce qu'on appelle le « modèle standard » est loin d'être admis par la communauté des physiciens et des astrophysiciens. A la fin des années 1940, plusieurs chercheurs, dont Fred Hoyle, proposent un modèle statique dans lequel la matière se crée continûment, sans que l'on sache vraiment comment. Dans une émission radiophonique de la BBC, Hoyle raille le modèle des origines possibles de l'Univers depuis un « atome primordial » infiniment chaud et dense qui ne cesserait depuis de s'agrandir. Il ironise et moque ce « Big Bang » ! Une petite ironie qui accouche d'une grande, puisque dorénavant l'expression devient à la fois la plus imagée et la plus populaire. En science, les contradicteurs sont toujours ceux qui ont le mieux compris les faiblesses d'une théorie. A cette époque, peu d'observations, mise à part celle de l'éloignement des galaxies, soutenaient le « modèle dynamique de l'Univers ». Les physiciens et les astrophysiciens, pas encore cosmologistes, sont partagés, jusqu'à ce que deux chercheurs découvrent le rayonnement diffus cosmologique, en 1965. Deuxième naissance de l'Univers par la grâce des équations de la relativité générale et des observations astronomiques : que la lumière ne fut que 380 000 ans après le Big Bang...

Les travaux des premiers cosmologistes prédisent que l'Univers doit être en expansion, que tous les objets qui l'animent s'éloignent les uns des autres, ce que confirment les observations d'Edwin Hubble dans les années 1920. « Même si Dieu ne joue pas aux dés » selon Einstein, dans une réplique célèbre lors de sa controverse avec Niels Bohr, non pas à propos de la cosmologie mais de l'introduction des probabilités en physique, il admet sa plus « grande erreur », celle de la constante cosmologique. La physique, l'astrophysique et l'astronomie composent une trinité qui invite les hommes à découvrir une immensité pleine de fureurs, de rayonnements cosmiques, de quasars, de trous noirs, de supernovae, d'explosions à la violence à l'échelle du Cosmos. De ces fournaises gigantesques naissent les particules qui composent les atomes, les molécules et aussi les molécules organiques. Ces poussières d'étoiles à l'origine de la Vie, sachant que les origines de notre Univers annoncent aussi une fin où tout retombera en poussière, peut-être une seule seconde avant que tout ne recommence...

Notre perception de l'Univers

L'Evolution nous a légué une panoplie d'organes des sens, une réalité biologique avec laquelle nous scrutons le monde. Sommes-nous capables de percevoir tout ce qui est dans le monde ? Le mythe de la Création place l'homme au centre du Cosmos. Dieu dit à l'Homme qu'il doit nommer les choses de la nature. Ainsi, tout objet de la nature qui entre dans le champ de perception de l'Homme est nommé : il est donc créé une seconde fois par la puissance du verbe. Cela commence par les animaux et les plantes, cela continuera avec des objets scientifiques. Depuis les premiers tailleurs d'outils jusqu'à Galilée et l'invention de la lunette astronomique, les hommes ont accumulé des connaissances observables et vérifiables par tous. Avec l'invention des instruments de la science, la connaissance pénètre des mondes qui sortent de notre réalité biologique, décrivant des microcosmes et des macrocosmes qui dépassent l'Homme dans toutes ses dimensions.

Peut-on faire confiance à nos sens, à notre bon sens terrestre ? Tous les jours, le Soleil se lève à l'est et se couche à l'ouest ; toutes les nuits, la Lune parcourt le ciel. Ces deux luminaires régissent la vie des hommes. Il est dit dans la Genèse qu'ils ont été créés le quatrième jour pour rythmer le temps des hommes. Toutes les civilisations ont scruté le ciel et inventé des calendriers qui, en fait, se révèlent imparfaits, une année ne comptant pas un nombre entier de jours, et les caprices de la Lune se moquant bien des révolutions de la Terre autour de l'astre solaire. Le Soleil a toujours manqué ses rendez-vous avec la Lune, ou inversement...

Depuis que les Grecs ont ôté toute divinité au Soleil et à la Lune, ils sont devenus des objets qui font partie d'un monde physique : la *physis*. Les premières modélisations géométriques du Cosmos conduisent Aristote et d'autres à concevoir un Univers fini parce que parfait, organisé selon des sphères concentriques autour de la Terre. L'ultime sphère, la septième, sert d'incrustation à toutes les étoiles. La tentation n'était-elle pas alors d'aller voir ce qui se passe par-delà la septième sphère ? Y a-t-il encore un monde au-delà du septième ciel ? Depuis des millénaires, bien avant Aristote et après Einstein, les cosmologies prennent toujours naissance dans les mondes ouverts par la géométrie.

Le modèle géocentrique tombe avec les observations et les travaux de Copernic, publiés après sa mort. La Terre tourne autour du Soleil, c'est l'héliocentrisme dont l'évidence heurte le bon sens mais qui est encore loin d'être admise par toute l'humanité. C'est le cas du système de Tycho Brahe conçu un demi-siècle après Copernic. La Terre occupe le centre du Cosmos avec le Soleil tournant autour alors que toutes les autres planètes sont des satellites du Soleil. Mais ce système s'évertue à arranger des engrenages sphériques de plus en plus complexes pour rendre compte des observations, avec des rouages hallucinants mûs par des anges. C'est un assistant de Tycho Brahe, Kepler, qui propose une modélisation mathématique avec des ellipses qui, cette fois, rendent compte de toutes les observations connues des astronomes. L'héliocentrisme s'impose par sa cohérence avec les données recueillies grâce aux lunettes et aux télescopes, mais s'oppose toujours au bon sens de la réalité biologique des terriens.

Reste la question d'un Univers fini ou infini. Giordano Bruno meurt sur le bûcher pour avoir soutenu la pluralité des mondes et enseigné que l'Univers est infini. Si depuis quelques siècles on ne brûle plus les scientifiques, la question de la forme de l'Univers et de sa finitude occupe les cosmologistes, mais dans le cadre de modélisations mathématiques et géométriques qui échappent à notre bon sens. Et puis il y a la donnée « temps ». Depuis Aristote, persiste l'idée d'un monde enfermé dans ses sphères géocentrées et baignant dans un temps infini. Le temps est toujours une dimension séparée de l'espace. D'où toutes les ambiguïtés pour tenter de comprendre les origines de notre univers. Le temps reste perçu comme une dimension qui nous est extérieure et qui contraint notre vie. Il est linéaire, éternel et associé inéluctablement à notre déchéance. Notre corps, comme toutes les structures, se détériore au fil du temps. Notre vie, comme l'histoire de la vie, de la Terre et du Cosmos, se cale sur l'échelle du temps et on donne des dates. Alors si le Big Bang remonte à 13,7 milliards d'années, c'est le temps zéro. Et si c'était exactement l'inverse : le temps qui serait la conséquence de la géométrie, de la structure et de leurs changements ? La découverte de l'espace-temps dans le cadre de la physique moderne chamboule ainsi nos repères. Le temps devient une propriété de l'Univers tout comme l'espace et il n'y a plus de référent extérieur : il commence avec l'émergence de notre Univers et, par conséquent, il n'y a pas d'avant, ni d'après. Même si le Big Bang marquait le début de notre espace-temps, cela ne signifie pas qu'il existait quelque chose avant, de la même façon que nous avons un temps 0, ou plutôt 1, calé sur la naissance du Christ avec, pour les événements antérieurs, des dates précédées d'un signe négatif. Très finement, saint Augustin se laissera aller à des digressions sur le temps, suggérant que le temps commence avec la naissance du Christ. Nos propres référentiels, pourtant à l'échelle humaine, aboutissent à des erreurs. Cela devient encore plus troublant dans l'espace-temps relativiste : chacun sait que, plus on se déplace rapidement, plus le temps se distend. Plus on voyage proche de la vitesse de la lumière, plus le temps devient grand ; plus on va vite, plus le temps s'éternise !

Naissance de la matière

Alors, comme dans toutes les belles histoires, vient le temps de la formule magique : « Il était une fois le Big Bang. » Quand ? Cette question n'a pas de sens au début, car le temps n'existe pas. L'Univers ne naît pas à un moment appartenant à une échelle temporelle qui le dépasse, il n'apparaît pas dans le temps, le temps naît avec lui. Il en va de même pour l'espace. Le Big Bang ne jaillit pas d'un point quelque part dans quelque chose, même vide. Une caractéristique de notre Univers, peut-être parmi tant d'autres possibles ou existants, est d'apparaître avec son propre espace-temps. Donc, il était une fois le Big Bang, le grand commencement, qui n'est pas une explosion primordiale.

Les équations de la physique s'approchent au plus près du Big Bang jusqu'à 10^{-43} seconde. C'est le mur de Planck, qui n'est pas encore franchi, en attendant une théorie qui puisse nous en approcher. A ce temps-là, l'Univers se réduit à une poussière d'un diamètre de 10^{-35} mètre avec une température de 10^{32} degrés. Selon notre perception du monde, cela ne pouvait qu'exploser. Mais à ces échelles immensément petites, nous sommes dans les mondes quantiques où règne le principe d'incertitude de Heisenberg. L'Univers émerge de « brumes quantiques » où, au commencement, il n'y a ni espace, ni temps ; à moins que le temps ne prenne les propriétés de l'espace, et inversement ; à moins encore que l'espace ne soit pas encore là et qu'il n'y ait que le temps ; mais il semble que le temps ait un passé sans certitude sur son commencement. Il se passe des choses étranges de l'autre côté du mur de Planck...

Les brumes quantiques se dissipent pour nous livrer un univers dont les composantes peuvent être vérifiées dans les plus grands accélérateurs de particules. Entre le mur de Planck et la seconde qui suit le Big Bang, les forces fondamentales de la physique se séparent, ainsi que les particules élémentaires, avec une inflation tout aussi prodigieuse que théorique puisque la taille de l'Univers est multipliée par 10^{50}. Des plasmas de quarks – les briques élémentaires des particules élémentaires – et de gluons naissent des particules et leurs masses avec, enfin, les protons et les neutrons. Dans cette « soupe primordiale » composée d'un plasma ionisé opaque à la lumière, la température de l'Univers est descendue à 10^{13} degrés. Un temps de cuisson assez court et suffisant pour qu'apparaissent les ingrédients les plus fondamentaux de la matière.

Il reste une chose encore mal expliquée : comment la matière l'a-t-elle emporté sur l'antimatière ? Dans les années 1920, les travaux de Paul Dirac aboutissent à des équations issues du rapprochement de la mécanique quantique et de la relativité restreinte. Elles prédisent l'apparition de particules de même masse, mais de charges électriques opposées. Matière et antimatière ne peuvent que s'attirer dans une attraction mortelle qui les renvoie à la lumière. Décidément, les physiciens défient Dieu sur le terrain de la Création. Les théories les plus récentes décrivent une rupture de symétrie, avec un quark de matière en plus pour mille quarks et antiquarks. Tout l'Univers vient de ces petits quarks supplémentaires. Voilà une réponse inattendue à la question de Leibniz : « Pourquoi y a-t-il quelque chose plutôt que rien ? » et qui intriguait aussi Henri Bergson dans son *Evolution créatrice*.

Arrive le temps des premiers atomes, entre 1 et 200 secondes après le Big Bang. La température ne fait plus que 1 à 10 milliards de degrés. C'est la « nucléosynthèse primordiale » avec la formation des atomes d'hydrogène, d'hélium, de deutérium et de lithium. Tout l'hydrogène de l'Univers vient de là. Une partie des autres éléments cités apparaît au cours de la « nucléosynthèse primordiale » et une autre par fusion nucléaire dans le cœur des étoiles. La répartition connue de la matière dans l'Univers donne un peu moins de 92 % d'hydrogène et presque

8 % d'hélium. Tous les autres éléments de la table de Mendeleïev, du deutérium à l'uranium, ne représentent même pas 1 % de toute la matière connue ! Ces chiffres sont en accord avec les résultats théoriques des équations de la physique fondées sur le modèle du Big Bang. Donc, tout va pour le mieux dans le meilleur du seul monde connu, entre les propriétés des niveaux les plus infimes de la matière et sa répartition connue dans l'Univers observable !

Des scènes du passé !

A force d'agitation et d'expansion, la « soupe cosmologique primitive » a fini par libérer les ondes électromagnétiques, dont la lumière. Cet éclat cosmologique jaillit 380 000 ans après le Big Bang. L'Univers a une température moyenne de quelques milliers de degrés. La recombinaison des électrons autour des noyaux laisse s'échapper les photons, enfin libres. Depuis, ils se baladent sans limite dans les limites de leur Univers.

Cet événement laisse une trace : le rayonnement cosmologique diffus détecté en 1965. Il baigne l'Univers dans toutes ses directions et nous parvient de toutes les directions de l'Univers, porteur de son message des origines, plutôt glacial, puisque sa température ne fait plus que 2,76 kelvins (– 273 degrés Celsius). On est proche du zéro absolu ; il était temps de le capter. Une telle chute de température – de 3 000 à moins de 3 kelvins en 13,7 milliards d'années – n'a rien d'une descente aux enfers ; elle exprime l'expansion de l'Univers depuis son commencement.

La lumière nous apporte des messages du passé. Elle est porteuse d'événements survenus en d'autres temps. Comme pour tous les messagers, ses déplacements prennent du temps. La lumière violente d'une supernovae qui éblouit nos télescopes est celle d'un astre qui n'existe plus depuis longtemps. Ce que les astronomes voient, ce sont des scènes du passé. Plus on scrute au loin, plus on observe des événements anciens, proches des origines perceptibles de l'Univers ! De nombreuses cultures croyaient que les étoiles représentaient les défunts ou leurs ancêtres, qu'elles portaient leurs messages. Il s'agissait d'ancêtres humains, voire des héros sortis des mythes. Les paléoanthropologues aimeraient, à l'instar des astronomes, pouvoir observer des images de nos ancêtres dont les fragments se dispersent dans les sédiments. Dans les années 1970, des paléoanthropologues eurent l'idée de nommer un superbe fossile d'australopithèque « Lucy » d'après la chanson des Beatles *Lucy in the sky with diamonds*. On ignore si Lucy avait une bonne étoile, mais on connaît de mieux en mieux l'environnement terrestre dans lequel elle a vécu. Le plus fascinant avec l'astronomie est que l'on peut retrouver le ciel qu'observait Lucy, perchée dans son nid construit en haut d'un acacia, ou encore le ciel que regardaient les hommes de Neandertal au cœur de l'Europe glaciaire. Hélas pour les paléoanthropologues, ces témoins lumineux des riches heures de notre évolution ne cessent de s'éloigner.

Les premières étoiles apparaissent 400 millions d'années après le Big Bang. Elles naissent de nébuleuses gazeuses composées de particules et d'atomes simples. Si leur concentration devient importante, la gravitation les entraîne dans une ronde qui transforme le nuage en un disque qui s'aplatit avec, en son centre, l'apparition d'une étoile si la quantité de matière est assez dense. La gravitation compresse de grandes quantités de matière, principalement de l'hydrogène, qui, sous l'effet de pressions gigantesques, entame un processus de fusion nucléaire. Après quelques milliards d'années, tout l'hydrogène s'est consumé en hélium et quelques éléments plus lourds, en infimes proportions. Après la fusion de l'hydrogène en hélium – qui représente la période de stabilité de l'étoile lumineuse –, la pression augmente, elle se dilate et devient une géante rouge. C'est au tour de l'hélium de donner des éléments comme le carbone, l'oxygène, l'azote et, en infimes proportions, du fer et du nickel. Si l'étoile est assez grosse, ces éléments fusionnent à leur tour, produisant des éléments plus lourds ; ainsi se remplit le tableau de Mendeleïev.

Les étoiles naissent, vivent et meurent, se consumant jusqu'à s'effondrer ou en explosant.

Leur façon de mourir dépend de leur taille. Celles d'une masse inférieure à une fois et demi celle de notre Soleil – et donc notre Soleil – vivent plus longtemps. Les étoiles de taille moyenne, entre 1,5 et

3 fois la taille de notre Soleil, connaissent la même évolution, mais durent moins longtemps. Puis elles explosent, devenant le temps d'un immense éclat de lumière des supernovae, expédiant tous leurs atomes alentour, avant de s'effondrer en un cœur de neutrons, un pulsar, tournant très vite et émettant des rayonnements. Puis il y a les très grosses étoiles, au destin identique et plus bref, plus violent. Seule leur grande masse permet la formation par fusion nucléaire des éléments naturels les plus lourds, le plus gros étant l'uranium. Après l'ultime explosion, elles deviennent des trous noirs d'une densité telle que la lumière ne peut s'en échapper. Ces trous noirs sont des singularités spatio-temporelles, comme le Big Bang, peut-être des portes de sortie vers d'autres univers...

Toute leur vie, les étoiles irradient leur espace environnant de chaleur et de lumière. Puis elles enflent et enfantent en leur sein les atomes des éléments plus lourds, comme le carbone, l'azote ou l'oxygène, nécessaire à la vie. Dans un dernier souffle explosif, elles projettent toute leur matière. Les atomes se dispersent, se retrouvant dans d'immenses nébuleuses et allant vers d'autres rencontres atomiques à l'origine des premières molécules, comme l'eau. Toutes les molécules organiques, celles de la vie, proviennent d'associations entre des atomes de carbone (C), d'hydrogène (H), d'oxygène (O) et d'azote (N) : les CHON !

Les galaxies, constituées de milliards d'étoiles, se forment vers 1 milliard d'années après le Big Bang. Elles sont les nœuds de l'immense filet décrivant la distribution de la matière dans l'Univers. Si la répartition globale de la matière est uniforme dans toutes les directions de l'espace, elle se concentre dans des galaxies ou des amas de galaxies qui ne cessent de s'éloigner les unes ou les uns des autres. Les astronomes se servent de la flamboyance éphémère des supernovae – quelques dizaines de milliers d'années –, comme repères parmi les galaxies et les étoiles. Les supernovae apparaissent quand deux étoiles entrent en collision ou quand une étoile capte une partie de la matière d'une autre. Le brusque dépassement d'une masse critique déclenche une explosion, un acte de violence et de lumière, comme toute naissance. Grâce à ces « bougies cosmiques », les astronomes mesurent avec précision à quelle vitesse les galaxies s'éloignent les unes des autres. Alors qu'on pensait que l'Univers avait une vitesse d'expansion fixe – la constante de Hubble –, voilà que celle-ci accélère. Comment expliquer cela ? Qu'est-ce qui contrarie ainsi la gravitation, cette loi d'attraction entre les galaxies ? Existe-t-il une cinquième grande force physique comme un mythique cinquième élément ? Faut-il en appeler à de nouvelles particules comme on convoque des runes ? Pour l'heure, on parle d'une mystérieuse énergie sombre car échappant à nos modèles et à nos lumières.

Grâce à l'éclairage des bougies cosmiques se dessine une nouvelle entité tapie dans l'ombre. Nous voici revenus au théâtre de Molière. En ce temps-là, celui de Gassendi et de Cyrano de Bergerac, les pièces se jouaient sur des scènes éclairées par des bougies. Chaque acte durait une vingtaine de minutes, le temps de consumation des chandelles, que Jean-Baptiste Poquelin courait changer à chaque entracte. Qui sait encore aujourd'hui que la durée des actes des pièces de théâtre provient de ces contraintes techniques et historiques ? La scène, imparfaitement éclairée par les bougies, avait des zones d'ombres, aujourd'hui balayées par la lumière crue de l'électricité. Ferons-nous jamais toute la lumière sur la grande histoire de l'Univers qui se joue sous nos yeux à peine ouverts par la science ? Nous en sommes encore au temps de Molière, celui des commencements de l'astronomie, avec des bougies qui dévoilent une partie de la scène, mais avec des recoins obscurs et leurs promesses de coups de théâtre. Le dernier en date nous apprend que, si l'Univers accélère, c'est qu'il est encore plus ancien qu'on le dit. Ainsi l'histoire de l'Univers suit une expansion en trois actes : une première période sans lumière ; une seconde avec une expansion ralentie sous l'influence de la gravitation pendant 9 milliards d'années ; un acte récent marqué par une expansion accélérée poussée par une énergie noire. Nous voici dans une version inattendue de *La Guerre des étoiles* ! C'est aussi au début de cet acte que se forme le système solaire. Mais alors quel sera l'acte final : coup d'éclat lumineux ou sombre effondrement ? Encore une fois, c'est une question de géométrie et de matière. Notre univers semble plat, ce qui constitue en soi une singularité entre un univers courbé vers une hyperbole ou une parabole. C'est la quantité de matière qui oriente l'Univers dans l'une ou l'autre courbure et, par conséquent, ce que sera sa fin, s'il y en a une...

D'une théorie, l'autre

Ainsi, selon la théorie du Big Bang, appelée aussi théorie standard, tout l'Univers, dont le Soleil, la Terre, la Vie et les humains seraient issus d'une infinitésimale tête d'épingle d'un diamètre de 10^{-35} mètre ! C'est tout simplement inconcevable pour nos cerveaux de 1 400 centimètres cubes. C'est pourtant dans le cerveau des philosophes et des scientifiques qu'émergent de telles idées. *Eurêka !*, mais pas facile à concevoir.

Est-ce que tout l'Univers provient de l'expansion depuis une entité infiniment petite, une sorte de nanocosmos identique au Cosmos ? La métaphysique et la philosophie définissent la notion de « monade », qui signifie l'unité. Mais il y a ambiguïté puisque la Monade avec une majuscule désigne le principe d'unité alors que les monades – sans majuscule – décrivent les choses en tant qu'entités minimales ou substances les plus simples. Deux grands principes sont liés à ces deux notions de monades : celle d'une entité ultime, la Monade, qui résume le tout et qui se développe dans le Cosmos en en appelant au vitalisme ; celle des atomistes avec les monades, l'atome étant ce qui est indivisible et lié à des conceptions mécanistes. Dans le premier cas, il y a évolution au sens de développement sans changement fondamental et sans apparition de nouvelles propriétés ou structures fondamentales ; dans le second, il y a évolution avec apparition de nouvelles formes et de nouvelles propriétés. Chez les atomistes, comme Démocrite, l'évolution s'inscrit dans un dessein – la Monade –, mais résulte des jeux « du hasard et de la nécessité », les monades. Pour les philosophes pythagoriciens, la Monade est le principe de toute chose, une unité originelle finie d'où dérivent des dyades infinies. La Monade donne les nombres, qui sont infinis, puis des points, des lignes, des plans, des corps solides, d'autres sensibles et les quatre éléments fondamentaux : l'eau, le feu, la terre et l'air. Cette conception du Cosmos s'accorde avec les grandes idées de la cosmologie fondée par le modèle du Big Bang. Pour Platon, la Monade est comme une idée, une entité éternelle. Les néoplatoniciens et les théologiens, quant à eux, l'identifient à Dieu dans un Cosmos unique et fixe. Pour Hegel, Dieu est la Monade des monades. Ce concept s'inscrit résolument dans la métaphysique.

Giordano Bruno, toujours lui, a écrit deux poèmes sur les monades qui représentent des entités indivisibles des choses matérielles et spirituelles. Il évoque l'idée de « triple minimum », la Monade étant à la fois un point mathématique, un atome en physique et l'être primitif de nature à la fois corporelle et spirituelle qui engendre la vie. Contrairement à Hegel, pour Bruno, c'est l'ensemble des monades qui composent la Monade, une conception panthéiste qui admet que Dieu est dans toutes choses et non pas que toutes les choses sont des manifestations de Dieu. La raison, à travers la nature et sa connaissance, s'élève vers Dieu. A la fin du XVIIe siècle, Leibniz s'intéresse à ce que son éditeur appelle la « monadologie », dont il produit un traité en français publié en 1714. Tout être est monade ou composé de monades. Celles-ci contiennent des principes actifs (âme, substance...) et passif (matière). Elles sont chacune un miroir représentatif de l'Univers selon leurs entités propres.

La cosmologie moderne flirte avec des idées et des concepts très anciens, dont les contenus ont changé. Lorsque Lemaître parle d'« atome primordial », on est plus proche du matérialisme de Démocrite que de la Monade de Leibniz. Les philosophes les plus proches des sciences actuelles, comme Démocrite et Leibniz, ont imaginé une entité à l'origine de tout, le premier étant un matérialiste qui conçoit la dynamique « du hasard et de la nécessité » ; le second admettant le « meilleur des mondes possibles ». Les sciences modernes décrivent le « plus cohérent des univers possibles » dont l'histoire et la structure jaillissent avec la matière, entre la lumière et l'énergie sombre. Le génie des hommes accouche de créations inimaginables à nos sens, les bons comme les mauvais, par la grâce de la complexité de leurs équations mathématiques et de leurs observations. Les mathématiques ouvrent des portes vers une multitude d'univers ou multivers, tandis que les observations s'efforcent de regarder par le tout petit trou de la serrure d'une seule porte, forcée par les télescopes les plus puissants et les plus divers, avec un faisceau de lumière et de rayonnements qui s'étend jusqu'à 13,7 milliards d'années.

Hors de ce cône de lumière et de rayonnements des ondes électromagnétiques, il y a autre chose, forcément, puisque d'autres forces agissent dans le noir. Notre regard au travers ce petit trou de serrure qui défie les trous noirs ne perçoit que 5 % de tout ce qui compose l'Univers. Nous ne voyons que ce qui est dans la lumière, mais ce que nous voyons ne peut être ainsi sans que n'existent, dans l'immense domaine de l'inobservable, des entités physiques encore non détectables ; elles n'existent que par leurs effets.

La cohérence de notre Univers visible, et compréhensible selon les lois et les concepts de la physique, se conforme aux équations, mais pour cela en appelle à des entités non observables, mais nécessaires à la cohérence d'une théorie validée par ce qui est observable. Nous voici revenus au temps des esprits, avec les cosmologistes dans le rôle des chamanes. La matière noire, si elle existe, n'émet pas de rayonnements sensibles aux instruments d'observation inventés par les scientifiques. Ce serait une matière diffuse et silencieuse connue par ses effets sur l'univers observable, comme le ralentissement de la rotation des galaxies. Quant à l'énergie sombre, elle pousse les galaxies dans une expansion accélérée en se jouant de la gravitation qui, normalement, devrait les retenir. Les grands bras des galaxies se tendent comme ceux d'amis qui se disent au revoir pour l'éternité, laquelle aura une fin elle aussi.

Alors que les équations de Einstein nous entraînent vers le commencement de l'Univers sans pouvoir l'atteindre, c'est une autre théorie, la mécanique quantique – celle qui s'occupe de l'infiniment petit, de ce qui se passe dans la plus minuscule intimité de la matière –, qui propose des solutions... Du rapprochement des deux sœurs ennemies de la physique moderne – la théorie de la relativité générale et la mécanique quantique – pourrait sortir un modèle du Big Bang dans lequel son origine se confond avec son commencement, en mettant ainsi un terme à cette question sans fin : mais qu'y avait-il avant ?

D'infimes vibrations

Depuis l'invention des instruments de la science qui ramènent vers notre réalité biologique des mondes infiniment petits et infiniment grands, l'être humain se pense dans une position médiane ou centrée. Il se place sur une échelle dont les premiers échelons sont dans les nanomondes et dont le sommet atteint l'immensité du Cosmos. Dans cette conception verticale du monde, difficile d'imaginer l'unité entre l'infiniment petit et l'infiniment grand. Pourtant, c'est assez simple, puisqu'un infini correspond à un autre. On démontre facilement en mathématiques que l'intervalle des nombres réels entre 0 et 1 contient une infinité illimitée de nombres. Il ne s'agit pas d'un infini borné – un oxymore –, comme l'est peut-être notre Univers. Il existe aussi une infinité de réels entre moins l'infini et plus l'infini, avec aussi une infinité de réels entre 0 et 1. Comme l'infini ne peut être égal qu'à l'infini, ou qu'un infini est aussi infini que tout autre infini, on peut établir une correspondance entre tous les réels compris entre 0 et 1 et tous les nombres réels. C'est ainsi qu'on peut imaginer que l'immensité de notre Univers vieux de 13,7 milliards d'années se retrouve dans une nano-tête d'épingle. Les mathématiques et les nombres réels nous livrent des mondes aux identités qui viennent bousculer notre réalité aussi limitée que macroscopique. De la physique de l'infiniment petit et du vide quantique peuvent apparaître et disparaître les particules les plus élémentaires de la matière. Ces mondes quantiques nous semblent étranges, avec un vide pas vide, en tout cas vide de matière, mais qui peut la faire émerger par vibration.

Dans ce petit univers étrange de la physique des niveaux les plus particulaires de la matière, on sait qu'il se passe des choses, mais on ne peut pas les prédire. Si on observe un atome radioactif, impossible de savoir quand il va se désintégrer : tout de suite ou jamais. Mais à l'échelle humaine, on sait que, par exemple avec le carbone 14, la moitié des atomes aura disparu après 5 350 ans. C'est ainsi qu'on date avec toujours plus de précision les âges des vestiges organiques en archéologie. L'incertitude du monde quantique et de ses possibles se mue en certitude macroscopique dans le cadre de nos affaires humaines. Toute la fascination de la mécanique quantique se réalise dans ce saut entre l'improbable et le certain.

La mécanique quantique fait jaillir l'Univers de vibrations, d'infimes vibrations. Cependant, quand une particule naît d'une vibration, c'est pour disparaître aussitôt. Pour que ces particules éphémères se maintiennent, il faut faire intervenir une perturbation. Point besoin d'un souffle vital, seulement un petit déséquilibre, très théorique. Si le monde quantique rencontre celui de la relativité générale, alors tout devient possible. Les cosmologistes invoquent l'effet dit de « *bootstrap* », d'après la mésaventure du baron de Münchhausen. Ce dernier, en mauvaise posture dans un marais, s'enfonçait inexorablement dans la vase sans qu'aucune aide ne vienne à son secours. Il ne pouvait plus compter que sur lui-même. Alors, dans un ultime effort, il prit appui dans ses bottes et se propulsa dehors. C'est ce qui s'appelle se dégager d'une chausse-trape. C'est très improbable, mais possible dans le monde quantique, un pays digne de Lewis Carroll.

Comment des esprits humains et scientifiques en arrivent-ils à produire de telles idées : imaginer l'Univers dans un « atome primordial », dont les plus petits des atomes, ceux d'hydrogène, sont déjà des géants âgés de plus d'une seconde après le Big Bang ? Ce modèle dit standard se fonde sur des équations métriques appliquées à la forme de l'Univers et confrontées à des observations astronomiques et expérimentales, quand c'est possible. Le Big Bang vient d'une « singularité » spatio-temporelle, un point de l'espace-temps où toutes les grandeurs physiques deviennent infinies : les pressions, les températures, les densités, etc. La singularité vient de là : les équations qui décrivent l'Univers deviennent inopérantes avec des valeurs infinies. Une singularité est une extension du modèle indescriptible par les lois de la physique actuelle, d'autant qu'un système physique est toujours décrit par ces conditions initiales, par un déjà là connu, ce qui n'est pas le cas de l'autre côté du mur de Planck. Pour franchir ce mur, les mathématiciens se servent de cordes, de la théorie des cordes. Ils se retrouvent de l'autre côté du Big Bang, dans le monde imaginaire des multivers. Les mathématiques ouvrent ainsi des mondes imaginaires. Lewis Carroll, mathématicien et écrivain de génie, a laissé une œuvre dans laquelle puisent les physiciens et les évolutionnistes pour trouver des métaphores. Ainsi les quarks, les constituants fondamentaux de toutes les particules élémentaires, devraient leur nom à une contraction de « *quasi-snark* » en référence à une nouvelle de Lewis Carroll, *The Hunting of the Snark*, à moins qu'ils ne sortent du roman de James Joyce *Finnegans Wake*, d'après un passage évoquant « *three quarks for Muster Mark* ». Les imaginaires mathématique et littéraire sont nos indispensables passerelles vers les mondes infiniment petits ou les autres mondes par-delà le Big Bang. Ceux-ci défient nos sens et c'est pour cela, peut-être, qu'on attribue aux quarks des propriétés nommées charme, étrangeté, vérité, beauté, couleur... Nous voici donc de l'autre côté du miroir de ce qui est observable par la grâce des mathématiques.

Equations et inconnues à découvrir

L'imaginaire des mathématiciens nous propulse dans des mondes par-delà le miroir de notre raison. Peut-on se fier à ce que prédisent les équations ? La physique moderne et ses applications les plus connues reposent sur ces percées théoriques, comme les équations de Maxwell qui annoncent les ondes électromagnétiques, celles de Dirac qui prévoient l'existence de l'antimatière ou encore celles d'Einstein qui envisagent l'effet photoélectrique. Ces prédictions ont souvent été perçues avec beaucoup de circonspection par les physiciens eux-mêmes, qui les ont vérifiées par l'expérimentation, et dont sont issus les objets de notre confort quotidien. Ces rappels et ces précisions ne sont pas inutiles pour pénétrer les mondes sortis des mathématiques. Pour certains, notre Univers serait une sorte de bulle parmi tant d'autres possibles, et qui existent peut-être comme autant d'autres Univers. Le nôtre se caractérise par un espace-temps à quatre dimensions et certaines constantes des propriétés de la matière, avec la présence de la gravitation. Les autres Univers-bulles auraient d'autres dimensions et d'autres constantes, non atteignables par notre entendement. Et vogue le navire imaginaire aux confins de la physique théorique et de sa poésie cosmique. Bienvenue dans les multivers ! Et champagne ! La cosmologie fait sauter le bouchon, Big Bang, et pétiller les bulles dans des multivers… Une seule nous est connue, mais grosse de ses 13,7 milliards d'années.

Le Big Bang a émergé des équations de la relativité générale d'Einstein, un peu comme un enfant non désiré. Darwin, un demi-siècle auparavant, en perçoit une conséquence similaire à propos de la vie. Depuis Darwin et Einstein, nous savons que rien n'est éternel, dans ce bas monde comme dans le monde d'en haut ; dans le monde sublunaire comme dans le monde extra-lunaire. Même le monde des idées est comme celui des étoiles : émergence, jaillissement de lumière et effondrement, avec dispersion des éléments qui vont nourrir d'autres nébuleuses, promesses de nouveaux astres. Seuls les recommencements sont éternels, pendant quelques milliards d'années, ce qui est amplement suffisant pour les mortels que nous sommes.

Trois arguments majeurs étayent la théorie du Big Bang. Il y a, on l'a dit, les conséquences des équations de la relativité générale, perçues dès les années 1920 par Friedmann et Lemaître. Voilà qui n'est que théorie, celle d'une approche géométrique de l'Univers appliquée à la gravitation dans l'espace-temps. Celle-ci prédit que l'Univers se trouve en expansion, ce que Edwin Hubble observe à la fin de cette même décennie. Il remarque que la lumière des étoiles et des galaxies subit un décalage de son spectre vers le rouge. Ce phénomène connu sous le nom d'effet

Doppler est la signature d'un objet qui s'éloigne du point d'observation, comme le changement de la perception sonore du bruit d'un train qui roule en s'éloignant de nous. Pour un passager assis dans le train, celui-ci fait le même bruit ; et d'ailleurs, le train produit en fait le même bruit. Mais la perception de ce bruit change pour un observateur assis sur le banc de la gare, décalé vers les sons aigus quand il se rapproche, les sons aigus quand il s'éloigne. Pour la lumière, c'est le décalage du spectre lumineux vers le rouge qui signe l'éloignement, vers le bleu dans le cas d'un retour improbable.

Un demi-siècle plus tard, en 1965, arrive le deuxième argument : la détection du rayonnement cosmique diffus. Il provient de l'événement qui éclaire le Cosmos par la libération des photons, 380 000 ans après le Big Bang. Depuis sa découverte, les astrophysiciens ont établi une cartographie précise de ce rayonnement et de ses variations. Il est isotrope, ce qui signifie que son intensité et sa diffusion sont les mêmes dans toutes les directions de l'Univers, vérifiant ainsi l'une des conséquences observables du modèle cosmologique standard. Enfin, le troisième argument concerne la formation des éléments atomiques les plus simples : l'hydrogène, l'hélium et le tritium. On sait que toute l'énergie des étoiles vient des formidables réactions de fusions nucléaires qui transforment de l'hydrogène en hélium, comme dans notre Soleil. Donc, l'hydrogène n'a pas pu se former dans les étoiles puisque celles-ci resplendissent de sa fusion. Il fallait des conditions considérables de pression et de température pour que des protons et des électrons se rapprochent et forment les premiers noyaux atomiques. D'après le modèle du Big Bang, cette cuisine atomique se réalise dans la soupe cosmique primitive, qui mijote depuis 60 000 ans, bien avant la formation des étoiles et des galaxies. Désormais, les astrophysiciens attendent un autre argument par la détection des neutrinos témoins de ces événements. L'inconvénient des neutrinos est justement qu'ils sont neutres. Ils se baladent dans l'Univers sans obstacle, pouvant passer au travers de la matière sans encombre et surtout sans interagir. Il est théoriquement possible d'en capter, mais les appareils susceptibles de réaliser de telles mesures restent à inventer. Depuis Galilée, les astrophysiciens suivent une course à l'innovation technologique pour concevoir les instruments de nos émerveillements célestes.

Que signifie que l'Univers est en expansion ? C'est un peu comme le temps. On imagine un grand vide dans lequel une incroyable petite chose explose et se dilate à n'en plus finir, s'assignant le but de remplir l'espace. Presque toutes les visions dites d'artiste nous installent comme les visiteurs d'un musée imaginaire venus contempler le « commencement du monde » ou des spectateurs devant l'écran encore obscur d'une salle de cinéma, en attendant que débute une première et unique séance. Comme pour le temps, indissociable de l'espace-temps, il n'existe pas d'espace en dehors de l'espace-temps qui s'ouvre avec le Big Bang. L'Univers poursuit son expansion dans toutes les directions, les galaxies s'éloignant les unes des autres à des vitesses identiques. Il est comme un ballon qui ne cesse de se gonfler avec toutes les galaxies dispersées sur son enveloppe. Sauf qu'il n'y a rien de part et d'autre de cette surface scintillante ; pas de vide, et encore moins d'air. L'analogie s'arrête là, car la forme de l'Univers n'est pas une sphère qui se dilate. Est-il plan ? Est-il courbé ? Dans ce cas, sa forme se rapproche-t-elle d'une hyperbole ou d'une parabole ? Tout cela dépend de la quantité de matière noire, aussi mystérieuse que capricieuse.

Maintenant que l'on sait comment est apparue la matière dans tous les recoins de l'Univers en expansion. Se pose alors une nouvelle énigme : la concentration de tous ces éléments rares sur une planète minuscule, la Terre.

2

Gaïa, la fille des météorites

« Le soleil a rendez-vous avec la Lune,
mais la Lune ne le sait pas
et le Soleil l'attend ! »

Charles TRENET.

Dans une petite galaxie, la Voie lactée, se trouve une étoile pas très grande, le Soleil, autour duquel gravitent quelques planètes, dont une de taille modeste, la Terre. Notre système solaire se réveille tardivement sur la Voie lactée, puisque l'Univers est déjà âgé de 9 milliards d'années.

Tout commence dans un nuage nébuleux composé d'atomes, de molécules et de poussières, animé de mouvements désordonnés. L'agitation thermique tend à disperser les particules alors que la gravité, liée à l'attirance des masses, les pousse à se rapprocher. A force de s'entrechoquer dans tous les sens, les particules perdent de la vitesse, et donc de l'énergie. Alors, les forces de gravitation s'imposent et engagent un processus irréversible. Le nuage se déforme, ou plutôt prend la forme d'un disque de matière tournant autour d'un centre de plus en plus dense. La concentration augmente, avec des pressions de plus en plus fortes et, s'il y a une quantité suffisante de matière piégée par les effets de la gravitation, une étoile apparaît : le Soleil. Celui-ci est une étoile de taille moyenne composée essentiellement d'hydrogène et d'hélium. Les gigantesques pressions du cœur de l'étoile alimentent des réactions de fusion nucléaire de l'hydrogène, donnant principalement de l'hélium et, plus tard et dans certaines circonstances, d'autres éléments plus lourds. La chaleur et la lumière qui font nos jours viennent de là.

Au commencement du système solaire, un disque de matière tourne sur lui-même. Les chocs entre les particules et les fragments de matières donnent par accrétion des blocs de plus en plus gros ; et plus ils deviennent importants, plus ils captent d'autres blocs. De cette ronde folle naissent les planètes. Aujourd'hui, on en compte huit, Pluton ayant été reléguée récemment au rang de « planète naine ». Notre petit système solaire se compose de quatre petites planètes telluriques, donc rocheuses et nanties d'une croûte solide, et de quatre planètes gazeuses, beaucoup plus grandes, la plus importante étant Jupiter. Il devait y en avoir beaucoup plus dans les premiers millions d'années de notre système solaire, mais à force de chocs et de captures, leur nombre s'est amoindri. L'apparition de la Lune résulte certainement d'un tel événement, la Terre ayant pris l'avantage et mettant l'astre sélène au service de ses nuits.

Prisonniers de nos stéréotypes

Huit planètes, voilà qui semble bien ordonné. En fait, nos semaines devraient compter neuf jours. Notre culture a hérité des calendriers calés sur les connaissances des astronomes de Babylone – et certainement d'autres venant de civilisations comme l'Inde et la Chine – quand furent rédigés les premiers textes qui ont influencé ceux de la Genèse biblique. Les observations à l'œil nu perçoivent nettement Jupiter et Saturne. Alors quand Galilée pointe sa lunette vers le ciel en 1610, il découvre d'autres objets célestes, comme les quatre satellites de Jupiter, nommés d'après les amours de Zeus (le Jupiter grec) : Io, Ganymède, Europe et Callisto*. Certains ont la taille de la Lune ou de Mars. Galilée observe aussi les anneaux de Saturne. Le système solaire sort de sa simplicité antique et biblique. La septième planète, Uranus, a été découverte par William Herschel en 1781 : trop tard pour influencer le calendrier révolutionnaire qui, de toutes les façons,

* Dans la mythologie grecque, Callisto fut changée en ours par Héra, la femme de Zeus, agacée des escapades amoureuses de son divin époux chez les humains. Elle fut tuée par Artémis, puis transformée en constellation étoilée par Zeus : la Grande Ourse.

s'inspirait de l'uniformisation décamétrique. Neptune apparaît très discrètement, et indirectement, grâce aux calculs des astronomes ; encore un coup de génie créateur des équations de la gravitation. Quant à Pluton, la petite dernière et neuvième planète, son existence est avérée en 1930, avant d'être reléguée au rang mineur de « planète naine », rejoignant des centaines d'autres qu'on a renoncé à baptiser.

Avec sagesse, passé la Révolution, on a rétabli le calendrier des semaines de sept jours, car on ne se débarrasse pas comme cela des vieilles lunes. D'ailleurs, qui se pose encore la question aujourd'hui de ce que signifient lundi, mardi, mercredi..., ces jours nommés d'après la Lune, le Soleil et les planètes. Dans les langues latines et germaniques, lundi est le jour de la Lune ; mardi, celui de Mars ; mercredi, celui de Mercure ; jeudi, celui de Jupiter ; vendredi, celui de Vénus ; samedi, celui de Saturne et dimanche, celui du Soleil. Donc une semaine rythmée par ce qui s'anime autour de la Terre au centre du Cosmos : le Soleil, la Lune et les cinq planètes connues. Au passage, l'ordonnance des jours ne correspond en rien à la position ou à la distance des astres et des planètes par rapport à la Terre. Dans un monde créé comme parfait, tout devrait s'ordonner selon une belle harmonie astrale et mathématique. Il n'en est rien. Les années ne comptent pas un nombre entier de jours, puisqu'il y a toujours un reliquat d'un quart de jour qui contraint les calendriers julien puis grégorien à des bricolages impliquant des années bissextiles pour éviter que Noël ne se retrouve à Pâques, ou à en retrancher une pour éviter que Noël prenne du retard, etc. Quant à la Lune, lunatique comme il se doit, ses circonvolutions suivent leur rythme terrestre en se moquant de celui de la Terre autour du Soleil, puisqu'il y a des années avec treize lunes. Si on se souvient de la belle chanson de Charles Trenet, la Lune n'est pas près d'avoir rendez-vous avec le Soleil. D'où la joie des poètes, et la diversité des calendriers qui, selon leur inspiration solaire ou lunaire, donnent des célébrations, comme Pâques ou le Ramadan, qui se moquent de la rigueur du calendrier civil.

Tout cela ne tourne pas rond, et par la faute de Kepler et de Galilée. Même si les lois de la gravitation universelle de Newton décrivent un monde encore mathématiquement ordonné, des observations et des calculs toujours plus précis conduisent petit à petit à la théorie du Chaos. Il ne s'agit aucunement du chaos des mythes où règne le désordre, mais de modèles mathématiques décrivant des systèmes dont on connaît les lois – donc déterministes –, sans qu'on puisse prédire leur évolution à cause d'imprécisions sur les détails des conditions initiales. En physique, l'évolution d'un système dépend des conditions initiales ; ce problème est évidemment crucial pour le modèle du Big Bang. La théorie du Chaos ne décrit pas un désordre, mais l'incertitude de l'évolution d'un système, une petite variation pouvant mener à des trajectoires très différentes. En météorologie, c'est la belle métaphore du battement d'aile d'un papillon d'Amazonie qui provoquerait un cyclone dans l'archipel nippon.

Mais revenons sur Terre. Qu'auraient été nos calendriers – tous les calendriers – si les astronomes des premières civilisations dotées d'écritures avaient connu ce que nous savons du système solaire ? Pas besoin de remonter à des millénaires pour apprécier combien la connaissance du ciel et de ses astres influe les cosmogonies. Parmi les cosmogonies des autres peuples, et tout particulièrement des peuples africains, celle des Dogons est l'une des mieux connues, grâce à l'ethnologie et surtout aux magnifiques travaux et films de Marcel Griaule. Un passage de la cosmogonie dogon fait mention d'un satellite de la plus brillante des étoiles de notre ciel après le Soleil, Sirius. Les Dogons évoquent une divinité protectrice des récoltes, Fornio, représentée par une compagne de Sirius. Or, les astronomes soupçonnaient la présence de satellites de Sirius, dont l'existence fut avérée dans les années 1930. L'un d'eux est une naine blanche, très dense, dont les effets gravitationnels perturbent Sirius. Quoi qu'il en soit, il est impossible de les voir à l'œil nu. Cela intrigua les scientifiques occidentaux. La réponse à leurs interrogations ne leur viendra que quelques décennies plus tard, lorsque des ethnologues découvriront que des missionnaires en pays Dogon avaient apporté dans leurs bagages des revues d'astronomie qui faisaient état de la découverte des satellites de Sirius. Quel plus bel exemple de la fonction fondamentale des cosmogonies qui s'attache à donner un discours mythique sur le monde, tout en intégrant ce qui est connu du monde !

Huit planètes et des ceintures

Dans notre système solaire, les quatre plus petites planètes sont dites telluriques, car elles contiennent des parties solides. La Terre est la plus grande de ces petites planètes rocheuses. La plus proche du Soleil est Mercure, puis Vénus, la Terre et Mars. Après la planète rouge, se trouve une ceinture d'astéroïdes, dont la célèbre « planète naine » Cérès. Ces astéroïdes de petite taille ont échappé à l'attraction, fatale comme une chute, des planètes. Lorsque d'aventure des astéroïdes s'évadent et arrivent sur la Terre, ils deviennent des météorites, véritables « témoins » porteurs d'informations sur la formation du système solaire. Ces milliers d'astéroïdes – plus de 80 000 ont été recensés – proposent une image de ce que devait être le disque de matière gravitant autour du Soleil avant que les planètes ne commencent à les accaparer.

Plus loin, par-delà cette ceinture d'astéroïdes, gravitent les grandes planètes gazeuses, avec leurs satellites. Jupiter en a quatre, Saturne plus d'une soixantaine, sans oublier ses anneaux. Saturne et ce qui l'entoure proposent une réplique miniature de ce que devait être le système solaire au moment où se forma ce Soleil et avant que la matière du disque ne se concentre en quelques planètes. Par-delà Saturne, gravitent Neptune et Uranus, pauvres elles aussi en satellites. Plus loin encore, du côté de Pluton, se trouve la ceinture de Kuiper, avec ses millions d'objets célestes, dont plus de 35 000 astéroïdes d'un diamètre supérieur à 100 kilomètres ! Cependant, ces astéroïdes n'ont pas une taille suffisante pour mériter d'entrer dans le club très sélectif des planètes. Pluton en a été exclue en 2006, ayant longtemps fait illusion avant qu'on ne découvre d'autres objets de taille comparable. En guise de consolation, on appelle les objets célestes assez importants pour mériter un matricule, des « plutinos ». Lui avoir donné le nom du dieu des profondeurs de la Terre ne lui a pas porté chance...

Les confins du système solaire abandonnent les dieux grecs et leur panthéon étoilé pour se dissiper dans le nuage d'Oort. Ce nom n'est pas une référence à un dieu scandinave, mais à un astrophysicien qui fit l'hypothèse de son existence au milieu du XXe siècle. Ce nuage serait riche de milliers de milliards de petits objets, un immense résidu de la nébuleuse originelle qui donna naissance à notre système solaire. Ainsi, de planètes en ceintures, le système solaire apparaît inachevé comparé à l'image simpliste et ordonnancée héritée des observations faites à l'œil nu depuis l'Antiquité de toutes les civilisations.

Une fois de plus, on relève une véritable fracture entre nos représentations de la matière et de l'espace souvent façonnées par ce que nous avons appris à l'école et l'état actuel des connaissances en science. Il y a à peine un siècle, le modèle de l'atome de Bohr, avec des électrons-planètes tournant sagement autour d'un noyau nucléaire-soleil, s'inspirait de la compréhension du système solaire avant l'essor de la physique moderne et l'avènement d'instruments puissants pour scruter les cieux. Aujourd'hui, les atomes sont modélisés par des noyaux entourés d'orbitales de probabilité de présence des électrons calculée par des équations de la mécanique quantique, tandis que le système solaire se peuple d'un nombre astronomique d'objets où s'invitent les théories du chaos et de la relativité. La belle simplicité de l'atome identifié à un système solaire composé d'une étoile et de ses huit planètes n'est plus.

L'Histoire au cœur des météorites

Notre système solaire conserve, on l'a dit, la mémoire de sa formation, ses messagers du passé étant les météorites. Leur taille va de quelques microns à plusieurs centaines de kilomètres. Longtemps les météorites furent considérées comme autant de messages envoyés du ciel et, à ce titre, étaient adressées au Vatican, qui en possède ainsi l'une des plus belles collections. Celles qui viennent s'échouer sur la Terre proviennent principalement des ceintures d'astéroïdes entre Mars et Jupiter et de la ceinture de Kuiper. Certaines météorites arrivent de Mars, conséquences alors de l'impact violent d'un gros astéroïde sur la surface de la planète rouge. Si un morceau de la croûte martienne est projeté avec assez d'énergie, il échappe alors à la gravitation de sa planète et, si sa trajectoire l'y pousse, peut se retrouver sur la Terre. L'observation de la surface des astres morts que sont les planètes telluriques et la Lune révèle une très grande densité d'impacts de météorites. La Terre n'a pas échappé à ces agressions mais, contrairement à ses consœurs, comme elle est vivante, la tectonique des plaques, l'atmosphère, l'érosion et la vie ont effacé la plupart des cratères.

Il existe deux types de météorites : les chondrites et les achondrites ; autrement dit, celles qui possèdent des sphères de matière et celles qui n'en ont pas. Les chondres des chondrites se présentent comme de petites bulles vitreuses dont la composition est identique à l'ensemble de la météorite. Elles sont riches en fer et en alliage de fer et de nickel. Elles se sont formées il y a 4,55 milliards d'années, donc en même temps que le système solaire. Enfin, leur composition chimique est la même que l'ensemble des éléments de la croûte, du manteau et du noyau de la Terre. Il y a donc une identité de structure chimique et un même âge entre la plupart des objets solides du système solaire.

Les achondrites n'ont pas, par définition, de chondrites et sont un peu plus jeunes de 20 à 50 millions d'années. Leurs compositions chimiques se répartissent en quatre types : les basaltiques ou *eucrites*, avec une composition chimique comme celle de la croûte terrestre ; les *aubrites*, pauvres en fer, avec une composition comme celle du manteau de la Terre ; les *sidérolites*, avec des cristaux contenant des matrices de fer et de nickel comme à l'interface du noyau et du manteau terrestre ; les *sidérites* faites d'un alliage de fer et de nickel avec de faibles quantités de soufre, comme dans le noyau de la Terre. Donc, à chaque type de météorite sans chondrite correspond l'une des enveloppes de la Terre. Or, on passe des chondrites aux quatre types d'achondrites par simple fusion, avec les éléments lourds, comme le fer qui tombent au fond, et plus légers, comme les silicates, qui forment les basaltes. Ainsi se dessine le scénario de la formation de la Terre par accrétion de chondrites, la concentration augmentant la température de l'ensemble, entraînant sa fusion et la répartition de matière et d'éléments chimiques du noyau ferrique (toujours chaud), du manteau et de la croûte. Les traces des origines de la Terre ne se dissimulent pas dans ses couches profondes, comme en archéologie, mais attendent qu'on les lise dans le cœur des météorites.

Oh, la belle bleue !

Dans la phase initiale d'accrétion de la Terre, la température augmente jusqu'à 2 000°, avec un volcanisme gigantesque qui s'accompagne d'un dégazage du manteau. L'atmosphère terrestre primitive se compose essentiellement de vapeur d'eau, de gaz carbonique et, dans une moindre proportion, d'azote. Il y a aussi un peu de méthane et de l'ammoniac. Au centre de la Terre, le noyau interne se densifie, libérant de l'énergie qui entretient un grand mouvement dans l'enveloppe externe du noyau à l'origine de champs magnétiques terrestres.

La croûte terrestre fut en effet sans cesse remaniée par des mouvements tectoniques verticaux et horizontaux. Cette agitation se calme avec l'apparition de la tectonique des plaques que nous connaissons, mue par des dorsales médio-océaniques. Toutes ces tectoniques ont produit de nombreuses formations montagneuses dont très peu de vestiges ont échappé à ces remaniements de matière entre le manteau et la croûte, sans oublier tous les continents perdus. A partir de – 4 milliards d'années et après l'intense bombardement météoritique qui sévissait jusque-là, l'eau compose l'hydrosphère et recouvre 70 % de la surface terrestre. La température des mers et des océans primitifs s'élevait entre 60 et 90° à cause d'un effet de serre considérable dû à la forte concentration en gaz carbonique. Les plus anciennes traces de vie liées à la photosynthèse remontent à 3,8 milliards d'années.

L'eau participe à la « vie » de la Terre. Elle provoque des phénomènes d'érosion, de transport et de sédimentation. Elle n'a pas tardé à se mettre à l'ouvrage puisque nos plus anciennes roches sédimentaires datent de 4 milliards d'années. La vie n'a pas tardé non plus. Il est tout à fait possible qu'il y ait eu de la vie sur Mars, puisqu'on trouve aussi des traces d'érosion. Mais la Terre semble bénéficier de l'avantage de sa taille, qui lui permet de conserver son atmosphère, et aussi de sa distance moyenne par rapport au Soleil – 150 millions de kilomètres. Tout cela permet d'avoir de l'eau à l'état liquide, mais aussi à l'état gazeux et solide. En présentant les choses ainsi, on a l'impression que tout est pour le mieux dans le meilleur des mondes possibles. Mais rien de tel puisque, par exemple, une gigantesque glaciation, celle de Varanger, aurait recouvert toute la Terre il y a 800 millions d'années. Notre planète bleue se transforma alors en une immense boule de neige.

On lit et on entend souvent que la Terre offre une situation et des conditions idéales pour permettre à la Vie d'apparaître ou de se développer. En fait, c'est la vie, quelles que soient ses origines, qui a dû se conformer aux conditions primordiales de la Terre. Ensuite, pendant des milliards d'années, les forces telluriques n'ont jamais cessé de jouer avec elle, même si celle-ci joue sa partition avec la formation des sédiments et en modifiant l'atmosphère. Juste avant la grande glaciation Varanger – peut-être due à une forte diminution de la concentration de gaz carbonique et à l'affaiblissement de l'effet de serre –, l'atmosphère s'est déjà considérablement enrichie en oxygène. Cet oxygène est un déchet, celui de la photosynthèse de milliards de milliards d'unicellulaires, de bactéries et de protozoaires de toutes sortes pendant plus de deux milliards d'années. De nouvelles formes de vie accaparent cet oxygène, devenu suffisamment abondant pour leur respiration et leur métabolisme. A partir de 700 millions d'années, la Vie se déploie dans une diversité inouïe avec l'apparition de toutes sortes d'organismes pluricellulaires et de plans d'organisation. Mais la Terre, Gaïa, reste toujours la maîtresse du jeu avec la tectonique, les orogénèses, les variations des courants océaniques et, surtout, son volcanisme responsable de toutes les grandes extinctions. Ainsi va la vie sur cette Terre, toujours en conditionnelle. Reste à savoir d'où vient la Vie ?

3

Et la Vie arriva sur la Terre

> « C'est le lieu de conception qui est le véritable lien de naissance ; car c'est là que tout commence. »
>
> Sylvain TRUDEL.

La Vie naît de chapelets moléculaires aux affinités électives qui se dupliquent à n'en plus finir, doubles hélices nucléotidiques qui l'entraînent dans l'évolution. Elle émerge de la matière inerte, combien de fois ? Dès ses commencements, elle se présente sous les facettes de la diversité, car ce qui l'anime c'est l'erreur, pas le péché originel, mais une substitution de-ci de-là, des changements de couple qui fécondent l'imprévisible. La Vie n'est pas une erreur ; mais sans erreur, il n'y aurait ni vie, ni évolution.

« Si la vie ne vaut rien, rien ne vaut la vie ! » (Jean Rostand). Les innombrables tentatives de définition remplissent des rayonnages de bibliothèques. La vie est belle et, pour les spécialistes de ses origines, elle se définit en toute simplicité par l'apparition de molécules capables de se répliquer et d'évoluer. En cela, les molécules organiques diffèrent des cristaux et des virus. Les cristaux se reproduisent à l'identique, leur beauté et leur pureté venant de la répétition d'un même schéma atomique et géométrique fondamental.

Le cas des virus est plus difficile. Ils interagissent avec le vivant et l'utilisent pour se reproduire. Leur simplicité apparente ne les situe pas dans une nébuleuse entre la matière inerte et la matière vivante. En fait, leur simplicité n'est devenue possible que parce qu'ils pouvaient dépendre de formes de vie plus organisées pour se reproduire, avec toutes les interactions que l'on connaît, des plus délétères en passant par la capacité de modifier le matériel génétique des espèces, facteurs de sélection et de variabilité, qui sont le propre de la vie et de l'évolution. La découverte récente de mégavirus suggère une descendance depuis des unicellulaires plus complexes, avec la perspective d'un univers viral bien plus vibrionnant d'innovations qu'on ne l'imaginait.

Le propre de la vie est donc sa capacité à s'adapter aux changements de milieu. L'adaptation résulte du couple variation/sélection. Il faut qu'il y ait d'abord variation – condition nécessaire – pour que la sélection naturelle puisse intervenir ; plus précisément, la sélection naturelle n'est pas une force agissant en soi, comme pour la gravitation, mais la conséquence de la prolifération d'entités biologiques – de la molécule à l'individu – qui finissent par être confrontées à la limitation des ressources du milieu nécessaires à leur reproduction. Ce jeu « du hasard et de la nécessité » consubstantiel à la vie n'est ni hasardeux ni soumis à une nécessité immanente ou transcendante. Avec l'apparition de la vie et de l'évolution émerge un nouveau monde dans lequel les lois de la physique et de la chimie, figées dans leur rigueur matérialiste, ne suffisent plus à expliquer les transformations, même si elles respectent les lois de la matière. Autrement dit, la vie ne s'affranchit pas des lois de la physique et de la chimie, mais se joue de leurs contraintes. Alors que tout système physique tend inéluctablement vers une détérioration de sa qualité énergétique et de ses structures (l'entropie ou deuxième principe de la thermodynamique), la vie se caractérise aussi par des systèmes ouverts qui échangent de la matière et de l'énergie avec le milieu extérieur. Ainsi la vie ne se définit pas par une idée, mais par deux fonctions indissociables, celle d'autoreproduction et celle d'évolution. Elle n'est pas créatrice en inventant de nouvelles lois ou forces de la matière, mais, dès son apparition, elle se conçoit comme un système dit « autocatalytique », c'est-à-dire autoreproducteur et soumis à ses propres conséquences, le couple variation/sélection, qui, à son tour, favorise des variations, notamment celles capables de variabilité, l'entraînant dans un processus évolutif.

Alors comment la vie est-elle apparue sur la Terre ? Seulement sur la Terre ? Vient-elle d'ailleurs ? Est-elle *chtonienne*, donc profondément liée à Gaïa, ou a-t-elle été ensemencée par des apports célestes, les molécules CHON ?

Démocrite et la nécessité

Toutes les cosmogonies mélangent dans un beau désordre aux infinies variations narratives les origines du ciel, de la Terre et de l'Homme. Assez étrangement, la question de la vie en soi, celle de la « matière vivante » comme distincte de la matière inanimée, n'intéresse pas les récits des commencements. Le plus souvent, le Cosmos se développe depuis un œuf primordial ou à la suite du déchirement du corps d'un être mythique – dieux, divinités, titans, géants… – avec des attributs anatomiques humains, le sang devenant les océans, les yeux le Soleil et la Lune, le sperme les étoiles, etc. Il est donc dit et accepté que des entités vivantes, même si elles sont mythiques, sont à l'origine de la Terre, des eaux, du ciel, des montagnes ; elles engendrent des entités matérielles, même si celles-ci représentent des divinités ou des esprits avec des attributs ou des propriétés anthropomorphiques.

L'idée de la matière en soi, inerte et dépourvue de toute âme ou de tout vitalisme, est certainement la plus incongrue dans la diversité des représentations du monde inventées par les hommes. Le « matérialisme » philosophique et scientifique apparaît très tardivement dans l'histoire de la pensée humaine et reste encore très mal compris. Il est le plus souvent vivement dénoncé, même dans nos sociétés modernes et « matérialistes », par la plupart des théologiens et des écoles philosophiques liées à la métaphysique, celles qui, depuis des siècles, dénient à la science toute prétention à aborder la question des origines.

Dans cette perspective, l'héritage de la Grèce antique et ses avatars historiques est riche d'enseignement. La question des origines du Cosmos intéresse assez peu les penseurs grecs. Leur cosmogonie est liée à une théogonie – une histoire des dieux – qui nous est connue par les écrits d'Hésiode. C'est un récit hallucinant des turpitudes humaines avec des meurtres, des amours, des incestes, des tromperies, des vengeances, des colères, des châtiments, des jalousies... transposés chez les dieux, leurs avatars et leurs bâtards chimériques ou monstrueux. Ce monde ou Cosmos se met en place après de nombreux événements, qui se retrouve dans la plupart des cosmogonies.

Rien à voir avec le mythe de la Genèse biblique décrivant un Créateur qui invente un Univers d'emblée parfait. Dans un premier temps, celui-ci installe le monde matériel en mettant un peu d'ordre entre la Terre, la lumière, les eaux et les astres ; puis, dans un second temps, il demande à la Terre de générer les plantes, se chargeant ensuite des animaux et de l'Homme. C'est une originalité rarement soulignée de la Genèse biblique, l'épisode le plus fameux de la création de l'Homme à partir de l'argile et animé du souffle divin. Le Dieu de la Bible est unique et installe d'emblée l'ordre et la beauté dans le Cosmos, alors que dans la plupart des autres cosmogonies, dont celles auxquelles la Bible a emprunté tant d'éléments comme l'*Enouma Elish* et L'Epopée de Gilgamesh, une joyeuse confusion règne avant l'apparition de la Terre, des astres et des êtres vivants.

Les cosmogonies de la Grèce antique n'y échappent pas. A partir de Chaos apparaissent Gaïa, la Terre, en même temps que le monde des morts, la Nuit ou encore l'Amour avec Eros. Gaïa se fait un enfant toute seule et engendre son époux et la résidence éternelle des dieux, Ouranos (le ciel). De leurs amours naissent des monstres divers – cyclopes, titans, etc. – et aussi Océan, Téthys, Thémis (la Justice), Mnémosyne (la Mémoire) et Cronos (le temps). Si tout commence avec Chaos, cela continue dans un incroyable imbroglio dans lequel des divinités et des entités monstrueuses (même si elles s'identifient à des éléments physiques du Cosmos et de la Terre) représentent des aptitudes ou des caractères humains. Mais il ne s'agit ni d'animisme ni d'analogisme comme dans tant d'autres constructions mythiques du monde. Les éléments du Cosmos servent à nommer tout ce qui touche aux affaires humaines, mais les éléments ne sont pas des divinités en soi, même si des divinités les représentent. D'ailleurs Zeus, sixième enfant de Cronos et de Rhéa, finira par mettre de l'ordre dans ce monde tumultueux venu de Chaos, créant l'Olympe, le mont au sommet du Cosmos qui devient la résidence éternelle des dieux. Les hommes peuvent entrer en scène, même si les dieux, à commencer par

Zeus, s'ennuyant peut-être là-haut dans le ciel éternel, viennent se mêler de leurs affaires.

Les éléments du Cosmos n'étant pas des divinités en soi, ils font l'objet d'interrogations matérialistes. C'est ainsi que commence l'étude de la nature avec la *physis*, reposant sur l'observation, la rationalité et les mathématiques, dont la géométrie. L'école philosophique matérialiste de Milet forge les concepts fondateurs de la science, sans que l'on puisse parler encore de la science actuelle et de son épistémologie matérialiste. Démocrite est l'un des plus célèbres pour avoir conçu le concept d'atome, la plus petite partie indivisible de la matière. Il est aussi l'auteur de l'expression reprise par Jacques Monod « le hasard et la nécessité ». Citons aussi Héraclite qui affirme qu'« on ne se baigne jamais deux fois dans le même fleuve » ou encore Empédocle qui aurait conçu l'idée de génération spontanée : l'émergence de la vie ou d'êtres animés depuis la matière inerte.

A ce petit panthéon des philosophes matérialistes, biologistes et physiciens avant l'heure, s'adjoint Anaxagore dont les réflexions résonnent d'une antique lucidité avec la théorie de l'évolution. Nous sommes encore loin des sciences modernes, qui retrouveront ces concepts deux millénaires plus tard, notamment dans le cadre de la physique moderne et des théories de l'Evolution. Hélas, cet éclat de la pensée matérialiste et préscientifique sera occulté par la philosophie idéaliste de Platon et son héritage, comme un lourd manteau pesant d'idées éternelles. Longue éclipse de la connaissance objectiviste du monde pour des siècles et des siècles...

Le troisième jour...

Dans *De la génération des animaux*, Aristote, observateur et connaisseur des choses de la Nature, s'intéresse à la reproduction et s'interroge sur la possibilité d'une génération spontanée de la vie à partir d'éléments matériels. La redécouverte de la pensée aristotélicienne au Moyen Age relancera l'idée de génération spontanée, mais bien loin de l'esprit rationnel et matérialiste des antiques philosophes grecs, pourtant si modernes.

Sans jouer sur les mots, la « génération spontanée » est une croyance aussi vieille que le monde, en tout cas depuis que les hommes questionnent les commencements du monde. Elle admet que les formes vivantes émergent par elles-mêmes ou spontanément de la matière. La pensée judéo-chrétienne inspirée de la Bible ne fait aucune mention de la génération spontanée, en complète antinomie avec un monde façonné par un génie créateur. Cependant, lorsque le troisième jour le Créateur commande à la Terre de former les plantes, on est proche de ce concept. Aucune ambiguïté pour les animaux et l'Homme, des « créatures » au sens le plus pur. La Création est unique et fixe, chaque forme ou entité étant à sa place – l'idée d'un Cosmos constitué d'une plénitude de formes éternelles venant d'Aristote et de Platon – et pour l'éternité, tout au moins jusqu'à la fin du monde. La pensée judéo-chrétienne introduit une notion de temps avec un commencement et une fin, la « flèche du temps », alors que la plupart des cosmogonies, dont celle des Grecs, conçoivent un temps cyclique.

En Chine, diverses croyances affirment que les pucerons naissent des bambous ; en Inde les mouches viennent des déchets ou de la sueur ; en Egypte, les grenouilles et les crapauds sortent des limons du Nil ; sans oublier les vers qui apparaissent dans le fumier ou, grand classique, les asticots germant depuis la viande en putréfaction. Une telle croyance repose sur le fait que la vie semble se manifester d'un coup là où il n'y en avait pas. On remarque aussi qu'elle jaillit de limons ou de terres fertiles ou de formes de vie en décomposition. Limons, vases, humus, boues, carcasses et autres sont des supports de fertilité. Dans *De la génération des animaux*, Aristote écrit que « les insectes, les mollusques, les poissons et certaines plantes peuvent naître spontanément de la vase, de la rosée, de la neige ». Tous les animaux vivant en contact des éléments, comme la terre et l'eau, ou les deux mélangées, semblent émerger de ces éléments devenus matrices de vie. Pour les Grecs, la vie est une propriété de la matière, éternelle, qui apparaît spontanément quand les circonstances sont favorables. Tous les grands philosophes de l'Antiquité grecque et latine, des plus idéalistes aux plus matérialistes – Platon, Aristote, Thalès, Démocrite, Epicure, Lucrèce... –, acceptent cette évidence.

On la retrouve aussi chez les Pères de l'Eglise, à l'instar de saint Augustin. Dieu aurait donné à la nature le pouvoir de créer la vie, notamment pour les animaux inférieurs – dans la pensée chrétienne, tout ce qui touche à la terre et à l'eau est considéré comme tel. Mais la Genèse, à cet égard, n'apporte aucune précision. La génération spontanée ne signifie pas, comme on le lit souvent, animer la matière par le souffle divin, mais c'est la matière qui crée la vie par elle-même.

Le Moyen Age est riche de récits semblables, la Renaissance aussi, avec de beaux récits qui évoquent ces feuilles d'arbres qui, touchant l'eau, deviennent des poissons ou, tombant à terre, s'envolent en oiseaux. L'apoptose végétale féconde des formes de vie animées se mouvant dans l'eau et dans l'air ; elles sont l'âme ou l'*anima* des feuilles mortes. La génération spontanée des animaux se limite à ceux de petite taille. Cela semble évident pour les souris, mais pas pour les chats (auxquels on prête parfois plus d'une vie).

Avec l'émergence, peu spontanée cette fois, de la science à la Renaissance, des savants se livrent à quelques expériences. Jean-Baptiste Helmont dépose dans un récipient des grains de blé et une chemise trempée de sueur humaine et affirme que des souris en jaillissent après vingt et un jours. Plus surprenant, ce moine qui a vu une souris s'échapper du caveau du pape Pie V et qui affirme qu'elle s'est formée depuis son corps en décomposition. On peut s'amuser de telles billevesées et croire que les sciences vont écarter cette idée de génération spontanée, mais il n'en est rien.

La génération spontanée et la science

Les grands esprits de l'âge classique comme Descartes, Newton et Bacon – influencés par la pensée mécaniste – admettent que la matière puisse engendrer du vivant. Les découvertes des lois de la nature ouvrent la possibilité de telles hypothèses, surtout si on réduit les animaux à des machines sans âme. Cependant, les progrès de la médecine et de l'anatomie ainsi que la naissance des sciences naturelles suscitent de nouvelles réflexions. Harvey, le découvreur de la circulation sanguine, et d'autres savants, plus intéressés par la reproduction avec la découverte des spermatozoïdes, comprennent que les organismes vivants, même les plus complexes comme les animaux dits « supérieurs », se développent depuis un œuf*. Les conceptions « ovistes » et « préformationnistes » des êtres vivants admettent l'existence

* Jusqu'à la fin du XIXe siècle persiste la querelle entre les « patroclines » qui considèrent que tout vient du père et que la femme n'est qu'une matrice (Pythagore, Aristote...) et, avec Harvey et d'autres, l'« ovisme » qui part de l'œuf (ou l'ovule) qui attend la stimulation du sperme pour se développer. Une conception plus radicale postule qu'un individu ne se forme pas, mais qu'il est déjà préformé ; c'est le « préformationnisme » de Marcello Malpighi et de Jean Swammerdam au XVIIe siècle. Pour certains, l'être préformé est dans l'ovule ou œuf ; pour d'autres, dans le spermatozoïde.

d'entités minuscules qui contiennent déjà ce que seront les individus adultes. Dans de très nombreuses cosmogonies, comme celles des peuples d'Asie, on évoque un « œuf primordial » à l'origine du Cosmos. L'œuf vital précède la matière, bien que la coquille soit matière. Concilier l'idée de « préformation » et de développement avec celle de génération spontanée n'a a priori rien d'évident. Alors est-ce que les « œufs » peuvent émerger de la matière inerte ? Une réponse est que l'œuf, si petit, peut se former à partir de la matière, comme pour les plus petits animaux. Une autre réponse consiste à séparer la vie de la matière inerte et à savoir *d'où vient l'œuf ?* ou, dit autrement, *qui de la poule ou de l'œuf est apparu en premier ?*

Antonie Van Leeuwenhoek perfectionne le microscope et, en 1674, observe des microbes, levures et autres micro-organismes grouillant de vie et les spermatozoïdes. Ils se multiplient si vite et si abondamment que cela renforce l'idée de génération spontanée. Lazzaro Spallanzani reprend diverses expériences de cette époque, dont celles de Leeuwenhoek : il montre que si on chauffe suffisamment les solutions employées ou si on ferme hermétiquement un bocal contenant de la viande, il ne se passe rien : pas de vie ! Mais la croyance en la génération spontanée demeure si profondément ancrée à la fois dans la pensée courante et chez les savants que quelques expériences faites avec des asticots ne sauraient l'ébranler. A la même époque, Nicolas Appert met au point une méthode qui porte son nom pour la conservation des aliments, mais la génération spontanée résiste à toutes les stérilisations scientifiques.

Le siècle des Lumières fait à son tour référence à la génération spontanée, conviction que l'on trouve encore chez les philosophes et les naturalistes déistes – Voltaire, Diderot, Buffon, Needham... – et matérialistes – Cabanis, d'Holbach, Helvétius. La querelle va prendre une autre envergure au XIXe siècle avec l'affirmation de la biologie comme science de la vie et dégagée de toute théologie.

Avant d'aborder cette controverse fascinante, rappelons que la question de la génération spontanée compose la trame d'un des plus grands romans faustiens de la littérature publié en 1818, *Frankenstein ou le Prométhée moderne*. Il est l'œuvre d'une jeune auteure de 21 ans, Mary Shelley, seconde épouse du poète Percy Shelley, lequel fut renvoyé d'Oxford dans sa jeunesse pour avoir écrit un petit opuscule, *Nécessité de l'athéisme*. Mary Shelley eut l'idée de ce roman lors d'une soirée passée dans la villa Diodari louée par Byron sur les bords du lac Léman, à Coligny, près de Genève, en 1816. Les membres du cercle d'amis s'amusaient à tour de rôle à inventer une histoire. Mary s'inspira de diverses légendes, dont celle du Golem, cet être monstrueux pétri de vase et de boue qui sort des marais pour terroriser les populations, légende célèbre chez les Juifs d'Europe centrale. Elle se nourrit aussi d'une lettre de 1813 de Jacob Grimm, dont sa mère était la traductrice et dans laquelle il évoque un savant alchimiste et prototype du génie démiurgique, Johann Conrad Dippel, inspiré de Lazzaro Spallanzani ! Quel est le souffle qui lui a donné vie ? Dans la Bible, on connaît fort bien la parabole de l'argile qui s'anime du souffle divin. Mais Mary Shelley, fille d'une famille très cultivée et passablement athéiste, « féministe » aussi avant l'heure, s'inspire d'une autre source vitale : le galvanisme. Elle croisait en cela la curiosité d'un homme aussi génial que fantasque : Erasmus Darwin, le grand-père de Charles, un médecin fort célèbre en son temps. Entre le Dr Erasmus Darwin et le Dr Victor Frankenstein se tisse un roman sur la question de l'émergence d'une vie complexe depuis la matière et son « animation » par une source d'énergie. Hélas, la « chose » qui n'a pas de nom souffre de ne pas avoir d'âme. Le Dr Frankenstein y perdra son âme et sa vie dans l'espoir fou d'un Pygmalion moderne…

Le doute et les biologistes

Jean-Baptiste de Lamarck invente le terme de biologie et publie la *Philosophie zoologique* en 1809, l'année même de la naissance de Charles Darwin. Il y propose la première théorie cohérente de la transformation des espèces dégagée de toute théologie. Naturellement, pourrait-on dire, il admet que la vie puisse émerger de la matière, comme d'autres transformistes, à l'instar de Geoffroy Saint-Hilaire. Tous ces hommes de génie font partie du Muséum national d'histoire naturelle de Paris ou y sont associés d'une manière ou d'une autre. Dans ce cercle élargi de savants qui fondent nos sciences modernes se trouvent de fabuleux chimistes et physiciens. Au sein de cet aréopage, les idées fusionnent, s'influencent, se stimulent, et les biologistes pensent que des propriétés de la matière peut émerger la vie, même s'il reste à en découvrir les processus.

Cependant, les biologistes ne se sentent pas toujours très à l'aise avec l'idée que la vie puisse se réduire aux lois mécanistes et déterministes de la physique et de la chimie. Un fort courant « vitaliste » envahit les naturalistes du XVIIIe et du début du XIXe siècle. Ils pensent que la vie est animée d'un principe ou d'une force vitale, avec des lois au-dessus de celles de la matière. L'enjeu du vitalisme est d'échapper au réductionnisme du mécanisme cartésien, tout en se préservant des influences surnaturelles ou théologiques. Les racines du vitalisme remontent à la plus haute Antiquité et à l'inévitable et génial Aristote (*De anima*). Le vitalisme fait corps avec la vie, ce que Descartes dissociera par son dualisme radical. Cependant, comme la génération spontanée, le vitalisme a la peau dure. Le grand Bichat définit la vie comme l'« ensemble des fonctions qui s'opposent à la mort » (aujourd'hui, nous savons comment la mort cellulaire ou apoptose est nécessaire à la survie de l'organisme). Les transformistes comme Lamarck s'opposent au vitalisme et la découverte inattendue par Friedrich Wöhler de la synthèse de l'urée, en 1828, donne un coup fatal au vitalisme : à partir de molécules non organiques, et donc des lois de la chimie de la matière non vivante, on obtient de la matière vivante – naissance spontanée de la chimie organique. Claude Bernard, pour sa part, se défie de ce genre de principe qui n'est pas vérifiable expérimentalement. Mais il en faut plus pour dissuader les vitalistes pour qui la génération spontanée depuis la matière inerte génère aussi sa propre force vitale, issue d'un principe générateur.

En 1859, Félix-Archimède Pouchet lie la génération spontanée à une « force plastique » capable de faire surgir des organismes depuis des débris de matière organique ce qui, au passage, n'est pas une génération depuis de la matière inerte. Selon sa conviction, cette force émane du Créateur, nous renvoyant dans une belle confusion entre déisme et génération spontanée. Avec *L'Evolution créatrice*, publiée en 1907, Henri Bergson défend l'idée d'un « élan vital ». La vie invente sa liberté dans la nécessité de la tourner à ses propres fins. Elle a un élan propre et autonome. Le terme *évolution* vient d'une telle conception de la vie inspirée par les premières découvertes sur le développement. L'idée sous-jacente est que, depuis la conception de l'œuf jusqu'à la formation de l'individu adulte, une loi guide ce grand processus de développement et de croissance. Cette loi « déroule » un programme, qui se dit *evolvere* en latin. Longtemps l'idée d'évolution ou de transformation des espèces s'appuiera sur cette analogie entre l'ontogenèse – la vie d'un individu depuis sa conception jusqu'à sa mort – et la phylogenèse – qui est l'histoire naturelle des espèces. Elle demeure très vivace en paléoanthropologie et avec beaucoup de succès. Si le vitalisme a encore cours en philosophie et en théologie, il n'a plus aucune pertinence en biologie et dans les sciences de l'évolution.

Les incertitudes de Charles Darwin

La biologie prend son élan – non vital – avec des découvertes fondamentales, comme celle de la cellule, véritable brique élémentaire des êtres organisés, par Theodor Schwann en 1830. Il y a une spécificité du vivant et, même si l'incroyable complexité de la cellule reste à découvrir, les progrès des connaissances sur les propriétés du vivant au niveau microscopique rendent la question de la génération spontanée d'autant plus vive que les théories de l'évolution et de la transformation des espèces hantent les esprits des naturalistes de façon implicite, et parfois très explicitement avec la grande controverse Cuvier/Geoffroy Saint-Hilaire à l'Académie des sciences de Paris, en 1830. Temps béni quand les journaux rendaient compte de la qualité et de l'intensité de ces débats scientifiques (captivant les plus beaux esprits de l'époque comme Johann Goethe) aux antipodes de la médiocrité de nos fausses controverses actuelles entre créationnistes et évolutionnistes.

Arrive alors la grande année : 1859. Charles Darwin publie *L'Origine des espèces au moyen de la sélection naturelle*, et Félix-Archimède Pouchet, *Hété-*

rogénie ou Traité de la génération spontanée. Les deux livres ont un succès retentissant, à la hauteur des controverses qu'ils soulèvent, et sont accueillis avec beaucoup d'enthousiasme par les évolutionnistes.

Cependant, Charles Darwin évite la question des origines de la vie. Il écrit explicitement que, si son livre traite de l'origine et de la transformation des espèces, il n'aborde ni la question des origines de la vie ni celle des facultés mentales supérieures. Par cette attitude, il se montre newtonien. Ce n'est pas parce qu'on ignore la cause ultime de la loi d'attraction entre la masse des corps – ce qui est toujours le cas – que ses effets ne sont pas mesurables, testables et validés par l'observation et l'expérimentation. Malgré cette précaution épistémologique – il est évident qu'on n'a pas besoin de savoir comment la vie est apparue pour étudier ses propriétés et ses transformations (à ne pas confondre avec l'étude d'un système en physique dont l'*évolution* dépend des conditions initiales).

La théorie de « la descendance avec modification » de Darwin implique qu'il y ait une ascendance commune à toutes les espèces : c'est l'arbre du vivant. Les classifications des espèces décrivent les relations de parenté et d'ascendance commune entre toutes les espèces et leurs lignées, et d'ascendance en ascendance ou, très logiquement, en remontant la série des ascendances communes, on se retrouve avec un ou très peu d'ancêtres ultimes à l'origine de toutes les formes de vie ayant vécu sur la Terre. Poussant la question plus loin, existe-t-il un seul ancêtre à toutes les formes de vie ?

A cette époque, les avancées des connaissances en biologie, et tout particulièrement sur la cellule, l'embryogenèse et ce qu'on appelle les plans d'organisation, qui décrivent l'architecture fondamentale des organismes, soulèvent des questions difficiles. Si de nombreuses découvertes plaident pour une profonde unité du vivant dans ses niveaux les plus infimes, comment comprendre depuis une origine unique l'apparition de plans d'organisation aussi fondamentalement stables ? Les plantes et les animaux composent d'immenses règnes du monde vivant qui semblent séparés depuis leurs origines. Ainsi, chez les animaux, les plans d'organisation – comme, par exemple, le fait que tous les animaux vertébrés sont symétriques ou *bilatériens* alors que d'autres présentent des plans avec des symétries radiaire ou hexagonale – ne plaident pas pour une origine unique. Cette question est au cœur de la controverse entre Cuvier et Geoffroy Saint-Hilaire devant l'Académie des sciences de Paris en 1830. Cuvier plaide pour l'évidence de la stabilité de ces grands plans d'organisation et défend son principe de corrélation, lequel insiste sur l'interdépendance des différentes parties du corps et de ses organes. Il en donne une démonstration éclatante avec la mise au jour d'une sarigue dans les carrières de Montmartre où, à partir d'une seule dent, il affirme qu'il s'agit d'un fossile de mammifère marsupial, ce qui sera prouvé par la découverte ensuite du reste du squelette. Quant aux partisans de la transformation des espèces, ils rencontrent là un véritable problème qui, en l'état des découvertes d'alors, ne pouvait être résolu.

La question posée alors est la suivante : est-ce que tous les organismes vivants descendent d'un ancêtre unique – monogénie –, ou de quelques prototypes fondamentaux – oligogénie –, ou encore de nombreux prototypes correspondant à autant de grandes lignées – hétérogénie ou polygénie ? La plupart des évolutionnistes de cette époque penchent pour l'oligogénèse, sans se frotter à la délicate question des origines de ces quelques prototypes fondamentaux, alors que la thèse défendue par Pouchet conduit à une multiplicité de générations spontanées, ce qui pose aussi pas mal de problèmes : comment concevoir que des formes de vie – les prototypes – puissent se constituer spontanément à un tel niveau de complexité ?

On l'a dit, Charles Darwin se montre hésitant sur la question des origines, ce qui va nourrir bien des controverses chez les contempteurs comme chez les admirateurs de son œuvre. Pourtant, dans une lettre à son ami Joseph Dalton Hooker de 1871 (année de la publication de *La Filiation de l'Homme en relation avec la sélection sexuelle*), Darwin se laisse aller à une jolie digression sur la possibilité que la Vie puisse apparaître spontanément dans une mare tiède, chauffée par le soleil dispensateur de l'énergie nécessaire à l'apparition de minuscules formes organiques.

Les darwiniens les plus orthodoxes reprochent à Darwin d'affaiblir la puissance de sa théorie en abordant cette question des origines qui, inévitablement, nous ramène vers la métaphysique et la religion. Pour eux, la science risque de s'abîmer dans une déchéance épistémologique. C'est oublier qu'entre-temps Darwin a évolué vers une vision agnostique du monde, comme il l'a expliqué dans son autobiographie. Après sa mort, celle-ci fut expurgée par sa femme Emma des passages où il évoque ses doutes sur la religion. Il est vrai que Darwin ne ménageait pas les ambiguïtés. On cite souvent les dernières lignes de *L'Origine des espèces* : « N'y a-t-il pas une véritable grandeur dans cette manière d'envisager la vie, avec ses puissances diverses insufflées primitivement à un *petit nombre de formes*, ou même à *une seule* ? Or, tandis que notre planète, obéissant à la loi fixe de la gravitation, continue à tourner dans son orbite, une quantité infinie de belles et admirables formes, sorties d'un commencement si simple, n'ont pas cessé de se développer et se développent encore ! » L'évocation du Créateur* n'apparaît pas dans la première édition de son livre, ce qui suscitera des interrogations, alors que le titre affiche explicitement que les espèces apparaissent par le jeu d'un mécanisme matérialiste, la sélection naturelle. Darwin jette une lumière scientifique révolutionnaire sur la vie, mais laisse comme dans un jeu d'ombres la possibilité d'un souffle divin et d'une conception déiste. A la lecture de ce livre, on s'aperçoit que l'auteur aborde assez peu le concept d'espèce et jamais la question de l'origine d'une espèce. Il s'agit avant tout d'un traité sur les variations – sans qu'il en

* Dans une édition ultérieure, il est écrit « insufflées primitivement par le *Créateur* ».

connaisse les causes, la variabilité –, sur la sélection de ces variations et la descendance avec modification, qu'il ne consent à nommer évolution que dans la sixième et dernière édition.

Ainsi, Darwin, l'homme qu'on accuse d'avoir tué Dieu, le Créateur, nous laisse-t-il avec une immense interrogation autour des origines de la vie.

Pasteur vs *Pouchet* *ou la mort de la vie spontanée*

Dans un tel contexte, la querelle de la génération spontanée prend un tour nouveau et se pare de termes plus scientifiques. Il s'agit de l'abiogenèse, la genèse de la vie depuis ce qui n'est pas vivant au sens large. L'abiogenèse séduit les évolutionnistes matérialistes, et encore plus les athées. Quant aux autres, les anti-évolutionnistes, ils défendent l'idée que la vie se distingue fondamentalement de la matière. En acceptant l'idée d'hétérogénie (l'apparition spontanée des différentes grandes lignées d'organismes vivants), ils récusent une idée centrale de la théorie darwinienne, celle de l'ascendance commune. C'est dans ce contexte que survient une autre grande controverse, celle entre Pouchet et Pasteur, qui va occuper le monde académique entre 1859 et 1864. Las des querelles, l'Académie des sciences de Paris demandera à ce que les biologistes tranchent *définitivement* la question. Comme nous le verrons, le terme *définitivement* est tout sauf approprié en science, qui ne cesse justement d'évoluer en testant ses paradigmes. Grâce à des expériences aussi simples qu'élégantes, Pasteur va l'emporter brillamment. La génération spontanée est morte.

En réalité, Pasteur, comme il s'en apercevra lui-même, a eu de la chance, malgré la qualité de son expérience, en démontrant que la vie ne peut pas apparaître spontanément si on chauffe suffisamment un ballon avec une infusion de foin tout en l'isolant de l'air. Mais dans d'autres expériences, avec la même infusion, le bacille du foin réapparaît, même après ébullition. On sait maintenant que ce bacille peut se transformer en spore, le temps de laisser passer le coup de chauffe, et revenir à son état antérieur en présence d'oxygène. Pasteur a eu chaud, mais la génération spontanée a fait long feu ! Dans cette histoire du triomphe de la science dans sa démarche positiviste, matérialiste et expérimentale, l'Académie était en fait acquise à la réfutation de la thèse de Pouchet. Claude Bernard, hostile à tout ce qui n'est pas validé par l'observation et l'expérimentation – comme le principe de vitalisme –, salua la démonstration. Mais d'autres membres de la commission de l'Académie des sciences ont soutenu Pasteur par simple hostilité à la théorie transformiste de Lamarck et à Geoffroy Saint-Hilaire. Ainsi, le conservatisme l'aura emporté, la théorie de la génération spontanée fut rejetée comme doctrine indigne des sciences, ce qui devait satisfaire l'Eglise catholique qui l'assimilait à du matérialisme athée.

Exit Lamarck et surtout Darwin, qui finira tout de même par être élu correspondant de l'Académie des sciences de Paris, en 1878, au titre de… botaniste. Il n'y est toujours pas en odeur de sainteté, malgré les efforts des biologistes et des géologues évolutionnistes.

L'ombre d'un Créateur

Alors, si la vie ne vient pas de la matière, d'où vient-elle ? On pensa à des formes de vie venues de l'espace qui se seraient développées sur la Terre, comme les « cosmozoaires » de lord Kelvin. Cet immense physicien contemporain de Darwin inaugure, hélas, la longue série des physiciens nobélisés qui, n'entendant rien à la théorie de l'Evolution, auront recours à des hypothèses parfois extravagantes plus inspirées par la métaphysique que par leurs connaissances en physique. Ce n'est évidemment pas le cas de tous, comme Erwin Schrödinger qui écrit un livre séminal sur cette question, *Qu'est-ce que la vie ?*, en 1944 ! Comment passer du monde de l'infiniment petit où règnent le principe d'incertitude et les lois de mécanique quantique au monde macroscopique de la biologie moléculaire ? Il tente d'expliquer comment, à partir de l'univers probabiliste du monde des atomes où règne un désordre ou une entropie maximale, la vie ne peut apparaître qu'au niveau macroscopique. La vie se distingue comme la seule capable de résister au désordre ou de créer de l'entropie négative, nous dit l'auteur sans pouvoir le démontrer si ce n'est en le constatant, avant d'achever son essai par l'évocation intrigante d'*un principe de la mécanique quantique du Seigneur*. Ainsi, dans un étrange parallélisme convergent avec, d'une part, Schrödinger et la mécanique probabiliste des particules et, d'autre part, Darwin et les mutations aléatoires, surgit l'ombre du Créateur. Reste à savoir s'il est transcendant ou immanent, à moins que ces chercheurs ne lancent un défi à notre raison...

Bien que cela n'ait pas de rapport direct avec la génération spontanée, le chat de Schrödinger pointe son museau. Dans les années 1930, une (autre) controverse célèbre opposa l'école de physique de Copenhague autour de Niels Bohr à celle représentée par Einstein, Schrödinger et d'autres. Le « chat de Schrödinger » est une expérience de pensée, et donc irréalisable : un chat est enfermé dans une boîte avec un capteur de particules. Si une particule vient à frapper le capteur, alors un mécanisme létal se déclenche et tue le chat. Mais comment savoir si le chat est vivant ou mort ? Pour cela, il faut ouvrir la boîte et on ne peut constater que deux états possibles : vivant ou mort. C'est le fait d'observer qui décide d'un état ou de l'autre, mais au niveau quantique, les deux états, vivant ou mort, sont simultanés tant qu'on n'a pas observé. Dans le monde des particules, vivant et mort sont tout aussi probables à chaque instant ; pas dans le monde macroscopique des vrais chats. Pour cette expérience imaginaire, Schrödinger se serait inspiré du Cheshire Cat dans *Alice au pays des merveilles*. Ce chat a le don d'apparaître et de disparaître n'importe quand, surprenant toujours Alice, notamment par ses questions de philosophie. Puis il s'en va définitivement, ne laissant de lui qu'un sourire. Que seraient nos métaphores en physique quantique comme dans la théorie de l'évolution si Lewis Carroll n'avait pas existé dans notre monde si macroscopique et, heureusement, pas si déterministe ? Le passage de la matière inerte à la matière vivante se fait au travers d'un miroir, de moins en moins imaginaire, entre le monde merveilleux et agité de la mécanique quantique et celui des variations à l'origine de l'arbre du vivant. Dans la nouvelle de Lewis Carroll, le Cheshire Cat s'évanouit, ne laissant de lui qu'un sourire inaltérable ; serait-ce celui du Créateur...

Au milieu du XXe siècle, plus personne ne pense que la vie puisse apparaître de façon organisée depuis la matière : ni chat, ni souris, ni cellule. Le livre de Schrödinger va inspirer les pionniers de la biologie moléculaire – qui ne porte pas encore son nom. Ils recherchent les supports moléculaires de l'hérédité et Schrödinger ouvre des pistes, même de façon très analogique, en évoquant une sorte de « code morse ». En 1953, J. Watson et F. Crick découvrent la structure en double hélice de l'ADN et, une décennie plus tard, François Jacob, Etienne Wolff et Jacques Monod décryptent le code génétique avec les combinaisons de quatre nucléotides : adénine, cytosine, thymine et guanine (A, C, T, G). Ce sont les quatre lettres de l'alphabet génétique, les quatre éléments fondamentaux de la vie, bien plus élémentaires que l'eau, la terre, le feu et l'air. Nous voilà donc au niveau le plus élémentaire de la vie, celui des molécules ; à ce niveau-là, la génération spontanée redevient une question pertinente pour la science.

Quelque part entre terre et ciel

Les chimistes, contrairement à trop de physiciens, apprécient toute la proximité entre la chimie minérale et la chimie organique. En 1900, Svante August Arrhenius, prix Nobel de chimie en 1903, pense que les molécules organiques proviennent de l'espace, portées par des rayonnements cosmiques, lesquels restent à découvrir. Retour de la panspermie, bien que cela éloigne le problème de l'apparition des molécules organiques au lieu de le résoudre. Un quart de siècle plus tard, Alexandre Oparine publie son *Origines de la vie : une théorie moléculaire*. Le biologiste John Haldane émet indépendamment les mêmes hypothèses, en 1929. Il imagine que l'atmosphère primitive de la Terre est dépourvue d'oxygène, donc réductrice, ce qui aurait permis la synthèse de molécules organiques. Dans ce monde prébiotique des premiers âges de notre planète, l'absence d'oxygène – un élément très corrosif – aurait permis la formation de molécules complexes à partir de l'azote, du monoxyde et du dioxyde de carbone, de l'ammoniac et du méthane. Seulement, à cette époque, les géologues ne connaissent pas la composition chimique de l'atmosphère primitive de la Terre et la question de l'apport d'énergie pour soutenir cette synthèse reste problématique.

Dans les premières décennies du XXe siècle, la génétique, ou science de l'hérédité, accomplit des progrès considérables. Il en va de même pour les théories de l'évolution. Toutes ces avancées aboutissent à la grande synthèse des années 1940 avec la paléontologie, la systématique et la génétique des populations : la théorie synthétique de l'évolution. Pour autant, la question des origines de la vie ne suscite pas de véritable programme de recherche, jusqu'en cette année 1953, date de la découverte de la structure en double hélice de l'ADN, support de l'hérédité, et de l'expérience de Stanley Miller.

Alors qu'il est jeune chercheur, et ayant lu Oparine, Miller se livre à une petite expérience dans un coin de son laboratoire, presque en cachette. Il remplit un ballon avec du méthane, de la vapeur d'eau, de l'ammoniac et de l'hydrogène, puis déclenche une décharge électrique dans ce mélange gazeux. Il laisse mijoter toutes ces molécules gazeuses et, quelques jours plus tard, découvre une sorte de soupe orangée dans laquelle baignent dix-sept acides aminés, dont certains constitutifs de nos acides nucléiques, comme la glycine, le plus simple de tous. Ce sera le Big Bang des recherches sur les origines de la vie, de la chimie prébiotique ! Cette expérience a été reproduite des centaines de fois, en variant les composants dans la plupart des cas, et on trouve des acides aminés. On arrive ainsi à synthétiser presque tous les acides aminés connus, dont les vingt qui constituent toutes nos protéines. Evidemment, ces résultats prodigieux sont obtenus dans les conditions du laboratoire, qui ne correspondent pas forcément à celles de la Terre primitive, riche en dioxyde de carbone et pauvre en méthane. En reproduisant les expériences de Miller avec de moins en moins de méthane et plus de dioxyde de carbone, la synthèse de molécules organiques devient plus difficile. Même si on connaît plus précisément la composition de l'atmosphère primitive, il faut des apports en énergie, et que les molécules ne soient pas détruites par les rayons ultraviolets ou les rayonnements cosmiques. Ce que nous disent seulement ces expériences, c'est que des molécules organiques peuvent apparaître si les conditions sont propices. Reste à savoir si c'est sur la Terre ou dans l'espace ?

A la recherche de LUCA

Les conséquences des travaux de Darwin et de Pasteur, suivant des voies très différentes, conduisent à cette évidence : il existe un commencement de la vie. Les avancées de la biologie jusqu'au niveau le plus élémentaire et moléculaire de la vie décrivent la profonde unité du vivant. Toutes les formes de vie se composent de protéines construites à partir de combinaisons de vingt acides aminés sur la soixantaine, et plus, qu'il est possible d'obtenir dans les expériences inspirées de Miller. Tous les organismes vivants possèdent de l'ADN avec la même structure fondamentale et avec des acides aminés dont la composition repose sur le même code génétique A, C, T, G, selon les mêmes règles d'appariement : A avec T et C avec G. L'infinie variation des mutations se rapporte à ces petits changements de couple qui fécondent de l'imprévisible, autrement dit la vie et son évolution. Enfin, les modes de régulation et d'expression des gènes – qui sont des portions d'ADN – sont identiques. En toute logique évolutionniste, il existe un dernier ancêtre commun moléculaire à tout ce qui a existé, qui existe et qui existera sur la Terre. Il se nomme LUCA : *Last Universal Common Ancestor*. Au niveau le plus élémentaire de la vie, on retrouve la génération spontanée et la monogénie.

Mais la question est désormais : d'où vient LUCA ? De la Terre ou des étoiles ? Nos mythologies modernes, portées par le cinéma et la science-fiction, nous entraînent volontiers dans les mondes extraterrestres. De LUCA à George Lucas se déroule le film de la vie, et il est bien plus fascinant que les tristes scénarios de *La Guerre des étoiles* dont les personnages ne sont que simples variations anthropomorphiques grotesques du panthéon égyptien. La science, sans fiction, se révèle bien plus féconde d'imaginaire quand elle traque les origines de la vie, sans parler d'évolution.

De quel laboratoire terrestre ou céleste a jailli la vie ? Et combien de fois ? L'hypothèse terrestre nous conduit à une expérience unique, ce qui toutefois n'a rien d'évident puisqu'une forme de vie élémentaire parmi d'autres aurait très bien pu éliminer les autres, ou les incorporer. Mais, en science, on privilégie les hypothèses les plus simples.

On lit souvent que la vie est apparue sur la Terre parce que celle-ci gravite à la bonne distance du Soleil. On dira la même chose si on trouve de la vie sur Mars ou ailleurs. La vie ne se tapit pas au cœur de la matière en attendant de trouver des conditions idéales. Il faut comprendre que la vie a émergé en s'adaptant aux contraintes physico-chimiques qui régnaient sur notre planète il y a plus de quatre milliards d'années et que, depuis, elle a modifié sa croûte par d'immenses dépôts de sédiments d'organismes marins – les falaises de calcaire par exemple – et aussi son atmosphère. De nos jours, la vie ne pourrait pas apparaître avec notre atmosphère riche en oxygène, qui provient de milliards d'années de photosynthèse des bactéries. Il est vrai cependant qu'avec sa masse et la gravitation qui en résulte, la Terre peut conserver son atmosphère et, tournant en moyenne à 150 millions de kilomètres du Soleil, l'eau se trouve dans son état solide (la glace), liquide (l'eau) et gazeux (la vapeur d'eau).

Un autre aspect remarquable de notre planète tellurique concerne sa richesse particulière en éléments rares dans le système solaire et dans l'Univers. Au poker qui se joue sur la table des éléments naturels, la Terre a touché une belle donne. Dans l'Univers, le Soleil ou de grosses planètes gazeuses comme Jupiter, on trouve presque 93 % d'hydrogène et un peu moins de 7 % d'hélium. Tous les autres éléments représentent à peine 0,2 % ; comme quoi, la vie ne tient qu'à un fil ténu d'atomes dans l'Univers, mais pas sur la Terre. Les proportions en oxygène, carbone, fer, manganèse et autres éléments lourds sont des centaines, voire des milliers de fois supérieures. C'est exceptionnel, mais pas unique puisqu'il existe d'autres planètes telluriques dans le système solaire et tant d'autres systèmes, sans oublier les météorites et les comètes. Ce qui semble infime dans tous les recoins de l'Univers devient considérable dans ses dimensions temporelles et spatiales.

C'est le cas de l'eau aussi, en très grande quantité, et qui recouvre 70 % de notre planète, bleue comme la couleur de ses mers et de ses océans. Une partie de cette eau provient du dégazage dû au volcanisme dans les premiers âges de la Terre, mais aussi des météorites. Les météorites et les comètes contiennent de la glace d'eau – mais aussi de méthane, de dioxyde de carbone... L'intense bombardement météoritique subi par notre planète aurait permis l'accumulation de cette eau si vitale pour les origines et le développement de la vie.

L'apparition de la vie sur la Terre

Deux laboratoires sont possibles pour l'apparition de la vie sur notre planète, l'un dans des mares d'eaux, l'autre dans les abysses des océans. La découverte des sources hydrothermales et des fumerolles des abysses, avec leurs bactéries étonnantes ou archées capables de résister dans de telles conditions extrêmes de température et de pression, ont bouleversé notre compréhension des conditions physico-chimiques tolérées par la vie – comme ces bactéries survivant à plus de 100 degrés –, et donc les possibilités d'apparition de la vie.

L'eau de mer, en s'infiltrant dans les failles du fond océanique, se réchauffe au contact du basalte, jusqu'à atteindre plus de 300°. Au passage, elle se charge d'hydrogène, d'azote, d'oxydes de carbone, de méthane et de souffre. Puis elle s'échappe sous forme de geyser. Dans de telles conditions, des molécules organiques peuvent apparaître, tout en étant protégées des effets destructeurs des rayonnements ultraviolets et des météorites. Alors est-ce que la vie a pu apparaître dans les grands fonds marins et, plus tard, remonter à la surface, s'adapter à la lumière et aux échanges avec l'atmosphère ? Ces archébactéries – archaïques, comme leur nom l'indique – sont intrigantes, mais pas si primitives que cela. Elles présentent des structures évoluées qui les rapprochent de nos cellules à noyau. Les archées ont évolué et se sont adaptées à des milieux extrêmes et invivables pour les eubactéries et nos cellules eucaryotes ; ce qui n'empêche pas de les trouver dans des environnements plus confortables selon nos critères de survie. En fait, dans les conditions extrêmes des abysses, les molécules capables de s'autoreproduire ne résistent pas. Enfin, il semble que ces bactéries exceptionnellement résistantes descendent de bactéries venues de la surface.

Un autre scénario voit la vie apparaître dans des eaux de surface. L'énergie nécessaire à la synthèse des molécules organiques viendrait des éclairs de l'atmosphère tourmentée de cette époque – rappelant en cela l'expérience de Miller –, du volcanisme ou encore de la température élevée des mers et des océans, entre 60 et 90°. Cette hypothèse n'exclut pas la précédente, mais ne retient pas non plus la préférence des chercheurs pour les raisons déjà évoquées.

Alors, il faut repartir dans les mondes extraterrestres.

Des fragments de vie extraterrestre ou la panspermie

Depuis quelques décennies, la panspermie ne cesse de se conforter. Grâce aux sondes spatiales, on dénombre plus d'une centaine de molécules dans les nuages denses de gaz et de poussières du milieu interstellaire, dont plus de quatre-vingts avec du carbone ; autrement dit, des CHON. Mais il y a aussi des acides aminés et des molécules qui permettent leur formation. En reproduisant les conditions de température et de pression connues du milieu interstellaire, les chercheurs en exobiologie ont pu fabriquer, à partir de glace d'eau, d'ammoniac, d'oxydes de carbone et de méthane, seize acides aminés, dont six parmi les vingt de nos protéines. Nous sommes bien des « poussières d'étoiles », plus précisément de poussières de nuages de poussières interstellaires.

L'étude des météorites révèle leur richesse en molécules organiques, les CHON composées d'atomes de carbone, d'hydrogène, d'oxygène et d'azote, les éléments les plus abondants formés dans le chaudron atomique des étoiles. Certaines météorites contiennent jusqu'à 5 % de CHON et parfois des acides aminés, pas moins de 74 identifiés. Les comètes sont aussi des radeaux de l'espace avec leurs CHON, des alcools, de l'acide formique et même des hydrocarbures. Leurs queues aux cheveux d'ange contiennent des glaces d'eau, de méthane et d'oxyde de carbone. L'espace interstellaire est traversé par ces particules élémentaires de vie ; les extraterrestres existent, ce sont les CHON !

Comment ces molécules complexes se sont-elles formées ? Leur formation repose sur la magie noire du carbone, l'élément le plus doué pour toutes sortes de combinaisons chimiques. Il en va de même, mais pas de façon aussi talentueuse, pour l'oxygène et l'azote. Tous ces CHON étaient fait pour se rencontrer, ce qui donna la vie. Les laboratoires célestes capables de former des molécules organiques se trouvent dans les anneaux de matière qui tournent autour des étoiles ou des grosses planètes, comme dans les anneaux de Saturne. On vient d'ailleurs de découvrir que les anneaux de Saturne contiennent des blocs de glace de plusieurs kilomètres. Grâce à des observations de plus en plus précises relayées par des simulations sur ordinateur et des expériences de laboratoire, les exobiologistes – ceux qui recherchent la vie par-delà les étoiles – reconstituent les conditions qui permettent ces synthèses : pas trop près des étoiles, pas trop loin non plus. Dans les anneaux des astres et des grosses planètes, les molécules CHON se croisent, se percutent, s'assemblent... magnifique farandole céleste, et notre système solaire y a participé.

Reste une question : comment les CHON sont-elles arrivées sur Terre alors que les soucoupes volantes restent à fabriquer ? Les météorites, une fois de plus ; après avoir participé à la formation de la Terre, elles l'ont fertilisée. Notre planète a subi un intense bombardement de météorites entre 4,4 et 3,8 milliards d'années. Leur problème : traverser l'atmosphère sans exploser sous l'effet de la chaleur due aux frottements, ni heurter le sol trop violemment au risque de se désintégrer. Des météorites d'un diamètre de plus de 100 mètres percutent la terre avec une telle violence que toutes les molécules CHON sont « vaporisées ». Celles de taille moyenne ont plus de chance de résister. Même si elles s'échauffent dans l'atmosphère, elles conservent les molécules CHON à leur corps défendant et ne se brisent pas en percutant le sol. Celles mesurant nos quelques millimètres se dissolvent dans un bel éclat d'étoile filante. Quant aux plus petites, quelques microns, elles sont les plus nombreuses, et arrivent avec peu d'encombre. On ne les voit pas et pourtant elles arrivent en multitude. Les chercheurs en recueillent de très grandes quantités dans les neiges et les glaces de l'Antarctique. Ils estiment que le bombardement météoritique du premier âge de la Terre aurait pu apporter tout le carbone contenu dans la biomasse terrestre actuelle ; c'est-à-dire tout le carbone de toutes les molécules organiques de tous les êtres vivants de notre belle biodiversité.

Gaïa, notre belle planète, n'a jamais cessé d'être ensemencée par les météorites porteuses de CHON. L'analogie avec les mythes nous hante avec Gaïa en grosse ovule fécondée par une nuée de spermatozoïdes célestes. Les scènes de la Visitation et de l'Annonce à Marie de sa grossesse divine y font écho, mais ce genre d'analogie égare les esprits. Les météorites – qui se dit aussi bien au féminin qu'au masculin –, n'apportent pas la vie toute faite dans l'attente d'un ventre fécond, même celui de Gaïa, déesse chtonienne présente dans de nombreuses cosmogonies. On retrouverait là aussi cette croyance stupide qui prétend que seule la semence du mâle porte les caractères de la descendance, et qui a perduré pendant des millénaires depuis Aristote jusqu'au début du XXe siècle dans l'Occident des savants. Non, les météorites ont fourni d'immenses quantités de molécules organiques, dont certaines déjà très complexes comme des acides aminés, qui ont pu se combiner et donner des molécules géantes, comme l'ARN, premier messager de la vie, de la reproduction et de la duplication... en attendant l'ADN. On suit plus difficilement les étapes qui donnent les molécules complexes de la vie, avec des molécules de membrane qui isole du milieu extérieur, des molécules porteuse de mémoire comme l'ADN et l'ARN et les molécules responsables des opérations de duplication, les enzymes. Les chemins pavés d'essais et d'erreurs de ces jeux moléculaires ont donné d'immenses molécules en structure de double hélice et capables de reproduction. Une innovation qui les entraîne dans une aventure cette fois uniquement terrestre : l'évolution.

Ainsi vont les CHON, voyageant sans but dans l'Univers, et qui se donnèrent rendez-vous sur une petite planète riche en eau et devinrent chtoniennes...

4

L'Homme et l'arbre de la Vie

« J'accepte mes origines ;
mais que vais-je en faire ? »

Aimé CÉSAIRE.

Dans la Genèse biblique, l'Homme semble faire l'objet d'une création particulière, ce qui n'est pas vraiment le cas au regard des sciences. Il apparaît le sixième jour, le même jour que les autres animaux. Cependant, créé en dernier, il bénéficie du privilège d'être à l'image de Dieu, ce qui lui octroie des avantages, comme la parole. Eve, ou la femme, sera façonnée peu après, depuis une basse côte, et même pas une vraie côte. Si on se réfère à la succession des créations, alors Eve serait plus élevée dans l'ordre de la Création. Mais ce qui semble une évidence par rapport aux animaux s'inverse pour la femme. Cette histoire de la création de la femme depuis un *bout d'os* s'inspire du mythe sumérien d'Enki et Ninhursag. Enki se plaint d'avoir mal à une côte – du côté du cœur. Alors, pour le soigner, Ninhursag crée la « Dame de la côte », qui dans le vocabulaire sumérien se dit aussi pour la « vie ». La « Dame de la côte » est en fait la « Dame de la vie », celle qui donne la vie, le nom d'Eve donné par Adam signifiant « celle qui donne la vie ». Il y a donc « un os » avec la traduction et la tradition biblique, qui avilit la femme indispensable à l'amour et à la vie. C'est dire combien le statut de la femme s'est dégradé au fil des millénaires dans les premières sociétés historiques. L'affirmation d'un Dieu tout-puissant, mâle et unique, se renforce d'un machisme appelé à s'alourdir pour des siècles et des siècles. C'est dans l'esprit du temps, puisque dans la mythologie grecque, comme dans tant d'autres, Zeus crée les femmes pour punir les hommes de leur arrogance et de leur prétention. Cette histoire de l'Homme apparu en dernier et démuni face à la Nature se retrouve aussi dans le mythe d'Epiméthée et de Prométhée, le premier dotant les animaux d'attributs divers pour se défendre ou s'enfuir, mais laissant l'Homme sans aucun avantage. Alors Prométhée vole le feu aux dieux et on connaît la suite. Il semblerait que l'Homme, face à la femme et à son mystère, soit bien fragile sur cette Terre sans l'aide de Dieu ou des dieux.

Adam signifie « qui vient de la terre » et plus précisément de l'argile, cette terre si sensible à l'eau et matière première de la céramique. Bien avant l'invention de l'agriculture, les premières statuettes de Vénus aux formes généreuses étaient cuites dans des fours il y a plus de 25 000 ans. Ce mythe de la création, on l'a dit, fait émerger le Cosmos du Néant, ainsi que les espèces animales, dont l'Homme. Chaque espèce est à sa place dans ce schéma divin. Les espèces, selon l'étymologie, apparaissent comme des entités éternelles, des essences éternelles. Dans le Paradis de la Création, l'agneau dort entre les pattes du lion. Il y règne une paix et une félicité éternelles. Alors pourquoi les prédateurs se sont-ils mis à manger des proies ? On sait qu'Adam et Eve quittent le Paradis à cause de la faute ; mais les animaux n'ont pas commis le péché originel et c'est d'ailleurs pour cela que saint Thomas et saint François d'Assise les défendent comme créatures innocentes du Seigneur. Cette explication ne nous dit rien sur les interactions entre les espèces, ni entre les prédateurs et les proies.

A partir de la Renaissance, les grands voyages rapportent une diversité d'espèces qui dépasse même l'imaginaire des monstres chimériques des sculptures des églises romanes et des cathédrales gothiques. Les récits de Marco Polo recoupent des représentations d'animaux mythiques, comme la description de la corne du rhinocéros interpellant la licorne. Les observations les plus fascinantes ne sont pas celles d'animaux fantasmagoriques, mais de flores et surtout de faunes naturelles ignorées jusque-là du monde occidental. Au cours de l'une des toutes premières expéditions dans les Amériques. Amerigo Vespucci – celui qui donne son nom à l'Amérique – note et décrit toutes ces nouvelles espèces. Avant de revenir en Europe, il déchire ses carnets, sachant que tant d'espèces n'auraient jamais pu embarquer sur l'arche de Noé.

Le développement des sciences et la passion pour la diversité de la nature motivée par la croyance en la Providence et la théologie naturelle conduisent bientôt aux premières classifications du vivant. La Création se présente dans une ampleur et une ordonnance d'abord attribuée naturellement au génie du Créateur. Chaque espèce est à sa place et parfaitement adaptée à son milieu. L'idée d'interaction avec les autres espèces émerge dans la seconde moitié du XVIIIe siècle avec Buffon. On passe d'une conception fixiste et statique à une approche dynamique ; il y a toujours équilibre entre les espèces, mais il est régulé par les interactions entre proies et prédateurs. S'il y a trop d'herbivores, leur nombre finit par être limité par la baisse de leurs ressources – les plantes – et par l'augmentation de la population des prédateurs qui en profitent. Alors les populations d'herbivores décroissent, ce qui facilite à nouveau l'accroissement de la production végétale et entraîne dans la foulée une diminution des populations de prédateurs et ainsi de suite. En inscrivant cela dans le temps d'une histoire de la Terre qui commence à s'ouvrir aux sciences, émerge l'une des plus grandes révolutions sortie du génie humain : l'Evolution.

La frêle branche de la lignée humaine

Un des éléments les plus constants de très nombreuses cosmogonies est l'arbre cosmique, enraciné dans la terre, s'élançant vers le haut de tout son tronc et déployant sa couronne dans le ciel. Il charpente le Cosmos et soutient les cieux. Il est souvent évoqué comment le ciel s'est éloigné du sol, le plus souvent grâce à la volonté de dieux, de divinités ou de démiurges, parfois par l'action volontaire des femmes et des hommes, comme dans beaucoup de récits mythologiques de peuples agriculteurs. Il est dit que les premières femmes ou les premiers hommes courbent l'échine, à la fois parce qu'ils travaillent le sol, mais aussi parce que le ciel est trop bas, les empêchant de se tenir debout. Alors ils repoussent le ciel de leurs efforts, ou demandent au Ciel lui-même ou aux dieux de l'éloigner. Seulement les divinités s'éloignent aussi et, depuis, les hommes se retrouvent confrontés à leur propre destin.

Il n'y a pas de finalité ni de destinée dans l'évolution de la vie. L'Homme s'enracine profondément dans l'arbre du vivant et même si de beaux esprits, comme Teilhard de Chardin, ont élaboré de grandes interprétations sur le sens de la vie, la seule logique du vivant tient dans un déploiement qui dépasse tous les imaginaires. Il n'y a ni cause première ni cause finale, et l'arbre du vivant ne pousse pas entre le hasard et la nécessité. Des origines de la vie à l'apparition de l'Homme se succèdent des étapes qui s'appuient sur les contraintes des étapes précédentes, en déployant de la variation dans le jeu des possibles impossible à prévoir. Pour autant, ces nouvelles étapes ne répondent à aucune nécessité. Elles auraient très bien pu ne jamais apparaître. Entre le hasard et la nécessité, il y a un arbre, celui de la biodiversité d'hier et d'aujourd'hui, dramatiquement élagué par notre irresponsabilité. Hélas, comme dans tant de mythologies, les dieux se sont éloignés et les hommes n'entendent plus la voix de la raison. Ainsi, qu'a dû penser celui qui a abattu le dernier arbre de l'île de Pâques ? Quel lourd silence devant le saccage de toutes les forêts et de toutes les espèces recroquevillées dans leurs ultimes refuges forestiers. Comme nous le verrons, sans les arbres il n'y aurait ni fruits ni hommes.

L'arbre du vivant est un arbre d'une allure singulière. Il ressemble à ces arbres ayant poussé difficilement sur une terre fertile, mais balayée par un vent constant. Il ne s'agit évidemment pas d'un souffle créateur, ni d'une improbable brise d'une évolution créatrice. Ses racines se composent de l'entrelacs des molécules organiques venues d'ici et d'ailleurs. Puis un immense tronc s'élève avec les bactéries. Il est toujours la partie la plus imposante, puisqu'il s'élève tout droit, de la base à son sommet actuel. Mais cet arbre est étrange, car il ne donne aucune branche d'un côté, toute sa couronne se déployant de l'autre. En se référant aux habitudes de notre culture, avec une lecture des textes allant de gauche à droite, le tronc monte tout droit du sol vers le ciel sans aucune branche sur la gauche. Comme un arbre d'un jardin imaginaire d'un Paradis (qui n'a jamais existé), avec son mur d'enceinte – car le Paradis est un jardin – près duquel pousse l'arbre, le mur étant la matière inerte. L'arbre ne peut s'étendre que d'un côté, celui de la Vie. Depuis sa base, il pousse avec des branches qui partent vers la droite et le haut. Chaque branche est née d'une innovation. Chaque nouvelle branche sort de la précédente – contrainte nécessaire – et se développe au gré des circonstances – hasard contraint. La seule nécessité est celle de la Vie : reproduction et évolution.

Les hommes et les singes représentent des branches récentes, qu'on a l'habitude de placer tout en haut et à droite, selon une vision héritée de l'échelle naturelle des espèces (qui se lit elle aussi de gauche à droite ; dans la littérature russe, cette même échelle se lit de droite à gauche). Est-ce que la branche des simiens est la plus récente, la plus évoluée ? C'est l'image la plus connue, une icône, comme si tout l'arbre de la vie se tendait vers cette petite brindille simiesque et son minuscule bourgeon humain. Pourquoi pas ! Tout en sachant que cette branche, qui n'est pas la branche ultime, est entourée d'autres branches proches déjà éteintes, tandis qu'une multitude de branches bien plus grosses et anciennes poursuivent leur croissance. Notre perception anthropocentrique – si prégnante dans les mythes, les religions, les philosophies et les sciences – peine à embrasser l'ampleur de la couronne de cet arbre unique comme l'évolution.

Taillée sévèrement par les dernières glaciations, la frêle branche des grands singes porte un fruit énorme, l'Homme, qui menace de choir à tout moment. Notre chute ne sera pas la faute d'une grosse pomme cueillie par une jolie femme, mais la conséquence du saccage de toutes les branches qui soutiennent encore celle de la lignée humaine. Le mythe s'arrête là. Il n'y a jamais eu de Paradis et depuis que l'arbre de la vie a repoussé le ciel et laissé l'humanité face à l'édification de sa propre destinée, même l'arbre de la connaissance, celui de l'histoire de la vie et de l'évolution, ne semble pas dissuader l'Homme de sa folie prométhéenne de destruction. Bientôt l'Homme sera un mythe silencieux que plus personne ne pourra narrer. Quant aux autres branches, celles plus à gauche, plus près du mur, elles continueront leur chemin jusqu'à ce que la Terre disparaisse dans un ultime et brûlant soupir du Soleil. Ecoutons Jacques Monod : « L'ancienne alliance est rompue ; l'homme sait enfin qu'il est seul dans l'immensité indifférente de l'Univers d'où il a émergé par hasard. Non plus que son destin, son devoir n'est écrit nulle part. A lui de choisir entre le Royaume et les ténèbres. » Comment en sommes-nous arrivés là ?

Une nouvelle « histoire d'O »

Revenons au pied de l'arbre de la vie. Les racines se nourrissent du terreau fertile de la diversité des molécules organiques venues de l'espace interstellaire et qui se sont assemblées sur la Terre. De cet humus primordial sortent certainement plusieurs vies. Mais une seule a fini par s'imposer. Comme dans ce qui reste des grandes forêts tropicales, les plus grands arbres poussent le plus vite possible vers la lumière, asphyxiant les autres de leur ombre. Une seule sorte de vie évolue après LUCA, une seule évolution. Depuis, toutes les formes de vie ne seront que des variations à partir de molécules organiques faisant tourner une lumière polarisée vers la gauche – première grande sélection – et dont les composantes combinent une vingtaine d'acides aminés – deuxième sélection. *Depuis quatre milliards d'années, nous ne sommes que l'un des milliards de descendants improbables de LUCA.*

Dès sa base, l'arbre de la vie se divise en trois grosses branches maîtresses, trois empires bactériens avec les archées, les eubactéries et les eucaryotes. Les archées vont pâtir des eubactéries et se trouvent condamnées aux grands fonds marins. Quant à celles-ci, elles représentent toujours, c'est-à-dire depuis quatre milliards d'années, la branche la plus forte de cet arbre grand comme la vie, branche qui a toute la vigueur pour perdurer jusqu'à la fin de la Terre. La grande branche des eucaryotes, celle des cellules à noyau, se détache très tôt de la précédente, entre 3 et 2 milliards d'années, tout en précisant que la vie est déjà à la moitié de son histoire temporelle connue. Rétrospectivement, le plus dur était accompli, tant les cellules eucaryotes sont complexes. Elles enferment leur précieux ADN, support et trésor de l'hérédité, dans un écrin précieux, leur noyau, possèdent des organites et cytoplasme protégé par un cytosquelette. Leur organisation complexe provient de la symbiose de plusieurs eubactéries, dont certaines conservent leur propre ADN, comme les mitochondries du cytoplasme en charge du métabolisme. *Grypania* est l'un des plus anciens fossiles connus. Un tel niveau de complexité, qui requiert de l'énergie, devient possible avec la respiration aérobie grâce à une accumulation suffisante d'oxygène dans l'atmosphère. Pendant des milliards d'années, les eubactéries rejettent comme déchet de la photosynthèse de l'oxygène, une formidable source d'énergie, difficile à maîtriser. Les relations entre les eubactéries et les eucaryotes engagent une nouvelle évolution jouant sur tous les registres entre symbiose et compétition délétère. Présente depuis les origines de la vie, la « Reine rouge » dynamise l'évolution. Cette Reine rouge nous vient de la nouvelle de Lewis Carroll *Alice de l'autre côté du miroir*, laquelle dit à la jeune fille : « Dans ce pays il faut courir le plus vite possible pour rester à sa place. » En ouvrant l'éventail de sa diversité, la Vie crée son propre dynamisme. *Depuis plus de deux milliards d'années, nous sommes des eucaryotes respirant de l'oxygène.* Toutes les autres branches à gauche continuent à évoluer, surtout celle des eubactéries, même si certaines s'éteignent.

Les mers et les océans grouillent de la diversité de trois grands empires unicellulaires avec des importuns très troublants, les virus. Ces derniers sont capables d'utiliser des unicellulaires pour se reproduire et sont aussi capables de modifier leur ADN. L'invention, non pas de la sexualité, mais des sexualités permet, d'une part, de contrôler les erreurs de copie de l'ADN en protégeant des mutations indésirables et, d'autre part, de produire une variabilité qui évite de voir une espèce d'unicellulaire se faire envahir et détruire par un virus. Si le sexe permet des échanges de portions génétiques par tous les moyens imaginés par la nature, la sexualité se préoccupe des multiples façons de rapprocher des patrimoines génétiques et les individus qui les contiennent.

Comme toujours dans l'évolution, une innovation n'arrive pas toute seule et dans une forme parfaite, comme par génération spontanée. Il existe à chaque fois, et quelle que soit cette innovation – depuis nos gènes jusqu'à nos pensées en passant par l'anatomie et nos comportements – un large éventail de variations. Il s'ensuit toujours des phases de sélection, avec la conservation d'une partie parfois très restreinte de ces variations, ce qui donne trop souvent l'illusion fallacieuse d'une émergence aussi rare que parfaite, surtout si des branches de l'arbre du vivant se déploient à partir d'elles après avoir éliminé les autres possibilités d'évolution. A partir des eucaryotes, le couple variation/sélection, opérant dès les premiers âges moléculaires de la vie, sélectionne des organismes vivants capables de produire et de contrôler la variabilité, avec un rôle toujours plus important dédié à la sexualité*. La sexualité et l'oxygène composent une nouvelle « histoire d'O ». *Nous sommes des eucaryotes sexués et haletants descendant de* Grypania *depuis deux milliards d'années.* Toutes les autres branches à gauche continuent à évoluer, toujours les eubactéries, même si certaines s'éteignent.

Les organismes pluricellulaires éclatent dans toute leur diversité entre 700 et 600 millions d'années. C'est l'explosion cambrienne de toutes les formes de vie connues. Est-ce une illusion paléontologique ? Il est clair que les précurseurs de tous ces plans d'organisation se profilent entre 1 milliard d'années et la gigantesque glaciation Varanger qui a presque recouvert toute la Terre entre 800 et 700 millions d'années. Quoi qu'il en soit, c'est l'émergence d'une biodiversité nouvelle – qui s'ajoute à toutes les autres qui continuent à prospérer. Ces plans d'organisation décrivent la géométrie de ces organismes qui peuvent être radiaires – coraux, concombres de mer, méduses... – ou construits selon des schémas fondamentaux pentagonaux, hexagonaux, etc.

La mise en place de ces organismes pluricellulaires s'appuie sur une innovation considérable : le développement. Depuis une cellule fécondée par les intrigues de la sexualité, se multiplient et se diffé-

* Les origines de la sexualité remontent aux unicellulaires les plus simples, capables de se dupliquer quand tout va bien, sinon de passer à une forme de sexualité simple s'ils sont menacés par des virus – les biologistes évoquent un stratagème adaptatif dit du Cheshire Cat.

rencient des cellules qui trouvent leur place dans l'organisme. Ce n'est pas le cas de tous les pluricellulaires, comme les méduses et les coraux composés de cellules juxtaposées en deux couches de tissus. Ainsi, chaque cellule, bien qu'associée aux autres, assure sa nutrition et son métabolisme directement avec le milieu aquatique. Il y a bien un développement et l'achèvement d'un plan d'organisation, mais très peu de différenciation cellulaire.

Une autre innovation majeure concerne les organismes avec un développement composé de trois tissus embryonnaires fondamentaux. Entre le « tissu interne » ou endoderme et le « tissu externe » ou ectoderme se déploient tous les systèmes qui alimentent les cellules en oxygène et en nutriments (sanguin, respiratoire...), issus du tissu intermédiaire ou mésoderme. Comme les cellules, les organismes pluricellulaires ont un « dedans » et un « dehors », délimités par une membrane chez les premières ; avec un ectoderme pour tout l'organisme. *Depuis 600 millions d'années, nous sommes toujours sur la branche des pluricellulaires ou métazoaires dont le développement se fait à partir de trois types fondamentaux de tissus embryonnaires.* Toutes les autres branches à gauche continuent à évoluer, surtout les innombrables unicellulaires et les plantes, même si certaines s'éteignent.

Pikaïa, le craniâtre bilatérien

Parmi tous ces plans d'organisation, il y en a un apparemment fort simple, avec une symétrie bilatérale par rapport à un plan médian. Le plus ancien fossile connu est *Pikaïa*. C'est le nôtre et celui de tous les vers, des insectes et des chordés, ces derniers possédant une « chorde » cartilagineuse qui court le long du corps, et c'est parmi ces chordés qu'arrivent les vertébrés. Leur développement se fait entre une tête et une queue. La tête concentre des fonctions sensorielles avec des organes des sens : odorat, vision, audition et goût, et parfois des sens qui échappent à nos sens comme les radars des chauves-souris et les sonars des cétacés. Comme toujours, de la variation à partir d'une innovation, mais avec un chef d'orchestre : le cerveau ; bienvenue chez les « crâniates » ! Derrière ou en dessous de lui, une longue tige, la moelle épinière, se charge de rapporter les informations – comme celles de cellules sensibles à la chaleur, à la lumière ou à la pression distribuées sur le corps ou concentrées sur diverses régions du corps – et d'exécuter les ordres. Seuls les réflexes se passent du cerveau. Les bilatériens sont des organismes obligés de se nourrir d'autres êtres vivants, sensibles et animés. Ce plan du corps simple et polarisé vers la tête a un développement guidé par des gènes architectes dits homéotiques. On retrouve ces gènes, et identiques, chez les mouches et les hommes d'aujourd'hui, et toujours à l'œuvre. *Nous sommes toujours des crâniates bilatériens, nantis d'un système nerveux central, se développant avec les mêmes gènes homéotiques depuis 600 millions d'années et fils de* Pikaïa. Toutes les autres branches à gauche continuent à évoluer, comme les vers et les insectes, même si certaines s'éteignent.

Des poissons envahissant la Terre

La course à la mobilité et à la prédation commence dans les eaux de l'ère primaire. Les écosystèmes se stratifient et se complexifient ; c'est la coévolution entre tous les organismes vivants d'une même communauté écologique. Les chordés, eux aussi, se diversifient en plusieurs branches. Dans l'une d'elles apparaît la colonne vertébrale et les poissons osseux. Avec une telle charpente, des lignées donnent des espèces de grande taille, certaines protégées de boucliers osseux comme des armures d'un autre âge. Encore une innovation et son éventail d'embranchements comme autant de tentatives, avant que ne frappe la première grande extinction connue, avec la disparition de plus de 95 % des espèces connues il y a 440 millions d'années. Une lignée de poissons s'impose dans les mers et les océans du Silurien et du Dévonien, entre 440 et 350 millions d'années. Ils possèdent des nageoires bâties sur une base squelettique avec, depuis le corps jusqu'aux extrémités, un plan constitué avec un os, puis deux os et un nombre variable d'ossements plus petits.

Plusieurs lignées varient sur ces plans fondamentaux, élaguées par la deuxième grande extinction, il y a 410 millions d'années. Une n'est plus représentée que par les cœlacanthes. Depuis, toutes les autres lignées ont disparu du monde des océans et des abysses, mais pas sur la terre. Une a survécu, mais hors de l'eau. Car tous les vertébrés terrestres, descendants de ces poissons à nageoires squelettiques, ont conservé le même membre construit sur le même plan : un os – humérus ou fémur ; deux os – radius et cubitus (ulna) ou tibia et péroné (fibula) – et un nombre très variable d'os dans le carpe (poignet) et le tarse (cheville), ainsi que dans le métacarpe et le métatarse selon le nombre de doigts – de 1 à 7.

Il en est toujours ainsi, que ce soit pour les reptiles, les amphibiens, les serpents, les oiseaux ou les mammifères. *Nous sommes des crossoptérygiens depuis plus de 350 millions d'années, descendants de* Panderichtys *et d'*Eusthenopteron. Toutes les autres branches à gauche continuent à évoluer, comme les requins cartilagineux, même si certaines s'éteignent.

Qu'est-ce qui peut bien pousser des poissons hors des eaux ? Il y a 360 millions d'années, les continents se resserrent les uns contre les autres. Des mers se trouvent piégées avec leurs flores et leurs faunes. Sur ce « continent des vieux grès rouges », les étendues d'eau se fragmentent, leurs surfaces et leurs profondeurs variant sans cesse. Les plantes entament la conquête du milieu terrestre, qui est plutôt un milieu aérien. Jusqu'à présent – et quel paradoxe ! – on a négligé la grosse branche des plantes en remontant dans l'arbre du vivant. D'ailleurs, les cellules eucaryotes des plantes, issues d'une symbiose incorporant un plus grand nombre de composantes bactériennes, comme les chloroplastes, sont plus complexes que celles des animaux.

Et le poumon pour respirer l'air

Les végétaux s'enracinent sur la terre ferme, plantant le décor. Puis arrivent les insectes, déjà protégés par leur carapace ou exosquelette qui supporte la masse du corps qui devient poids hors de l'eau, et qui évite qu'ils ne se dessèchent au contact de l'air et sous les rayons du soleil. C'est plus difficile pour les vertébrés, qui rencontrent les mêmes problèmes, et dont la charpente interne se consolide tout en articulant ses différents segments. Plusieurs lignées de crossoptérygiens tentent l'aventure au cours du Dévonien, transportant leur lourd corps de poisson et ramant péniblement sur la vase d'une mare ou d'une mer à l'autre, mais jamais loin de l'eau, toujours nécessaire pour s'hydrater et pour la reproduction. Ils disposent aussi d'un autre avantage, la capacité de respirer dans l'air grâce à un poumon. Les nageoires à base squelettique et les poumons sont apparus, eux aussi, dans différentes lignées. Chez certaines, on trouve de telles nageoires, mais pas de poumons – comme les cœlacanthes actuels ; chez d'autres, des poumons, mais pas de nageoires à base squelettique – comme les dipneustes actuels – et chez d'autres, les deux sont présents – comme les fossiles *Panderichtys* et *Eusthenopteron* du Dévonien. Les descendants de ces derniers, toujours liés au monde aquatique, mais aux mœurs plus mobiles et plus terrestres, se nomment *Acanthostega*, *Tiktaalik* et *Ichtyostega*, parmi d'autres débarqués des eaux sur la terre. Ils se diversifient dans les immenses forêts du Carbonifère et du Permien (350 à 250 millions d'années), avant que la troisième grande extinction de la fin de l'ère primaire ne les décime. *Depuis plus de 350 millions d'années, nous sommes des crossoptérygiens descendant d'*Acanthostega *et de* Tiktaalik. Toutes les autres branches à gauche continuent à évoluer, surtout les poissons avec des nageoires bâties sur des rayons, ceux qui envahissent les mares, les mers, les océans et nos assiettes, même si certaines s'éteignent.

L'ère de tous les dangers

L'ère secondaire, considérée comme l'âge des reptiles, commence par le succès des reptiles dits « mammaliens », comme *Morganucodon* et *Cynognathus*. Ils ressemblent à des reptiles, mais possèdent déjà un crâne avec un plan de construction identique au nôtre, comme par exemple ces fosses temporales que nous avons derrière les orbites et entre les arcades zygomatiques et l'os temporal. On les distingue des autres reptiles, les dinosaures et les oiseaux, dont les fosses crâniennes présentent une disposition différente. Donc, tout commence pour le mieux pour la branche des mammifères, frappée par la quatrième grande extinction de la fin du Trias, il y a 210 millions d'années. Les dinosaures en profitent, et sans limite de taille, des plus petits aux plus gigantesques, conquérant presque toutes les niches écologiques des écosystèmes terrestres, aériens et marins.

Pendant ce temps, les mammifères s'adaptent en devenant plus petits et en adoptant des mœurs nocturnes. Dinosaures et mammifères inventent des stratégies de reproduction avec deux sexes – les femelles et les mâles – déterminés à la naissance, un faible nombre d'œufs fécondés, des soins aux jeunes qui, bien que nés précoces, requièrent des soins attentifs, et des vies qui se comptent en quelques années pour les plus petits et en dizaines d'années pour les plus gros. La vie sociale s'intensifie et invente toutes sortes de sociétés. Les jeux de la sexualité deviennent de plus en plus élaborés, notamment avec les parades, les femelles devant accepter des corps à corps de plus en plus intimes et pénétrants. Tous ont un métabolisme élevé avec la capacité d'entretenir la chaleur du corps (homéothermie) et en acquérant des poils ou des plumes, qui ne sont que des variations venant des écailles de leurs ancêtres à partir d'une molécule jouant de ses apparences cosmétiques, la kératine*.

Dans ce monde très agité des forêts d'arbres sans fruits ni fleurs – les gymnospermes –, les lignées des dinosaures se déploient, mais aussi celles des mammifères, avec les multituberculés aujourd'hui disparus, et déjà les premiers mammifères placentaires et marsupiaux avec, respectivement, *Eomaia* et *Sinodelphis* du Crétacé, le dernier âge de l'ère secondaire. Car une autre extinction, la cinquième, venue à la fois du ciel par une météorite échouée dans le golfe du Mexique, et surtout de la Terre à cause d'un volcanisme dantesque, met fin au règne des grands reptiles terrestres. Mais ceux-ci n'ont pas complètement disparu, car leurs descendants montés au ciel, les oiseaux, sont toujours deux fois plus nombreux que les mammifères. *Depuis l'ère secondaire, nous sommes les descendants poilus, homéothermes, actifs et sociaux de* Sinodelphis. Toutes les autres branches à gauche continuent à évoluer, comme les oiseaux et d'autres reptiles, même si certaines s'éteignent.

* La vie procède de petits arrangements avec les molécules comme la chlorophylle, la kératine, les carotènes et autres phéromones. Tous les comportements de séduction stimulant nos sens olfactif et visuel se déclinent à partir de ces bouquets de molécules pour tous les êtres vivants depuis des milliards d'années.

Des primates dans les arbres

L'ère tertiaire, celle dite des mammifères, est aussi celle des plantes à fleurs et à fruits, les angiospermes. Il fait si chaud que des forêts s'étendent d'un cercle arctique à l'autre. Une grande lignée de mammifères se lance à la conquête des canopées : les archontes. Leurs représentants actuels sont les toupayes, les lémurs volants et les primates. (La lignée la plus proche est celles des chauves-souris.) Le plus ancien fossile connu est *Purgatorius*, un joli nom pour un rescapé du temps des dinosaures. Plus hésitante au commencement, la lignée des primates prend l'ascendant dans la couronne des arbres. Sans parler de paradis, c'est un monde au-dessus du sol avec le gîte, le couvert et une moindre menace des prédateurs. Un primate se reconnaît par des yeux rapprochés de part et d'autre de la racine du nez, une orbite entourée d'un cercle osseux, un nombre assez important de dents et différenciées – 44 à 32 –, des membres terminés par cinq doigts portant des ongles, le premier plus court et plus puissant, s'écartant des autres, ce qui permet de bien saisir les branches (faculté de préhension). Comparée aux autres lignées de mammifères, celle des primates connaît un succès qui ne se dément pas depuis plus de soixante millions d'années.

Tant qu'il y a des arbres et des forêts sous des climats suffisamment chauds et humides, ils sont à leur aise et prennent leurs aises, empêchant tout autre groupe de mammifères de s'implanter, sauf le paresseux et quelques autres, dans des niches écologiques pour le moins originales. Par contre, c'est une autre histoire au sein des primates, leurs lignées se livrant une concurrence impitoyable.

Alors qu'ils sont répartis sur l'Amérique du Nord, l'Europe, l'Asie et l'Afrique, une première grande dichotomie se fait entre les prosimiens et les simiens. Un magnifique fossile découvert en cette année Darwin, Ida ou *Darwinius massilae*, et daté de 47 millions d'années, se situe autour de la grande séparation entre les deux principaux groupes actuels de primates. Il y eut d'autres lignées au sein des primates qui se sont éteintes au cours de l'ère tertiaire, livrant une histoire évolutive dans laquelle s'y retrouver évoque un cheminement aussi pénible que dans les méandres des forêts tropicales. Tout va pour le mieux, ou presque, dans le meilleur des mondes forestiers pour les primates répartis sur presque tous les continents entre 65 et 35 millions d'années, avant que n'arrive la « grande coupure ». *Depuis plus de 40 millions d'années, nous sommes les descendants des cousins de* Purgatorius, *passé du purgatoire reptilien au paradis des canopées, et de* Darwinius. Toutes les autres branches à gauche continuent à évoluer, celles des autres mammifères comme les rongeurs et les chauves-souris, sans oublier les lémuriens de Madagascar, même si certaines s'éteignent.

Les singes se distinguent des autres primates, comme les lémuriens, par une tête dépourvue de truffe ou *rhinarium*, une face plus courte surmontée par un cerveau plus grand, un fond de l'orbite complètement fermé par une paroi osseuse et des incisives faites pour inciser. Les plus anciens fossiles connus se trouvent en Asie et en Afrique, nourrissant des controverses dignes des plus grands conciles de l'Eglise. Heureusement, des changements climatiques importants viennent simplifier les choses.

La séparation des continents du Sud – l'Amérique du Sud, l'Australie et l'Antarctique – entraîne le premier grand refroidissement de l'ère tertiaire. En s'installant au pôle Sud, l'Antarctique sert de socle à une immense accumulation de glace. La température moyenne de la terre chute de plus de 10°. Une conséquence en est le rétrécissement des forêts sur la bande des tropiques. Les primates disparaissent d'Amérique du Nord, d'Europe et d'Asie pour se réfugier en Afrique. C'est la « grande coupure », provoquée aussi par la fragmentation de la Téthys, cette grande mer qui reliait l'océan Atlantique à l'océan Pacifique, entre l'Eurasie au nord et l'Afrique au sud. La remontée de l'Inde, poussée par la tectonique des plaques, vers l'Asie et, plus tard, l'émergence du Proche-Orient ne laissent de la Téthys que la mer Méditerranée, la mer Rouge, la mer Caspienne et la mer Morte. Tous ces changements d'environnement impactent considérablement les systèmes écologiques terrestres, et tout particulièrement les singes, qui s'accrochent aux branches.

C'est dans ce contexte qu'arrivent les singes dits « modernes » comme *Aegyptopithecus zeuxis*, du désert du Fayoum en Egypte, et daté de 32 millions d'années. Les singes – appelés simiens ou anthropoïdes – s'adaptent à la vie diurne, perdant le tapis réfléchissant du fond de la rétine que conservent tous les autres mammifères, petit clin d'œil en souvenir de leurs ancêtres qui arpentaient les mondes de la nuit du temps des dinosaures. La face a perdu son museau, sa truffe et les vibrisses (longs poils tactiles). C'est donc une vraie face, le plus souvent dépourvue de poils, avec un nez en son centre aux narines bien dessinées, et des yeux en façade qui permettent de percevoir les reliefs et les couleurs du monde de la canopée. Leur dentition se compose de 32 ou 36 dents réparties en incisives, canines, prémolaires et molaires. Leur cerveau et leur vie sociale se développent de concert, puisque cela va ensemble. Les singes inventent des vies sociales de plus en plus complexes, se reconnaissent par les traits du visage, communiquent par des vocalises et des mimiques. Les femelles offrent leur sexualité tout au long de l'année, obligeant les mâles à rester près d'elles et à les courtiser dans l'espoir d'une relation désirée. Ils consomment des fruits, des insectes et des fleurs, préférant les variétés les plus succulentes qui participent des jeux sociaux et sexuels. Dans ces jeux de bon goût, s'instaure une coévolution entre les arbres à fleurs et à fruits et les singes, une interdépendance qui édifie la fascinante biodiversité des forêts tropicales, avec d'autres acteurs comme les insectes et les oiseaux. Se tenant toujours assis et le buste vertical, ils se servent de leurs mains habiles pour cueillir des fruits, les éplucher, les inciser et, parfois, les offrir.

La main participe des interactions sociales par les caresses et l'épouillage, l'ancêtre de nos conversations. Ainsi va la vie des singes dans un paradis trouvé au-dessus du sol, celui de la couronne des arbres. *Nous sommes des descendants d'*Aegyptopithecus *avec ses 32 dents depuis plus de 32 millions d'années*. Toutes les autres branches à gauche continuent à évoluer, comme celle des singes à 36 dents en Amérique du Sud, arrivés là-bas depuis l'Afrique avec des rongeurs et en radeau, même si certaines s'éteignent.

L'âge d'or des Hominoïdes

Les grands singes d'aujourd'hui sont les hommes, les chimpanzés, les gorilles et les orangs-outangs ; un groupe appelé les hominoïdes. Cela fait peu d'espèces dans la nature actuelle – entre 5 et 7 selon les avis, et une petite quinzaine avec le renfort des gibbons, de petits hominoïdes d'Indonésie. Ils se distinguent par la capacité de se placer et de se déplacer sous les branches, en se suspendant. Pour cela, ils ont de très longs bras avec une articulation de l'épaule orientée vers le haut. La cage thoracique est étroite entre le sternum et la colonne vertébrale et large d'un flanc à l'autre. Le bas du dos se raccourcit, avec 4 ou 5 vertèbres lombaires, et la queue se réduit à un tout petit coccyx. Habitués à se suspendre et à grimper verticalement le long des troncs d'arbres, ils n'hésitent pas à marcher debout sur leurs jambes courtes et fléchies quand ils sont sur de grosses branches ou au sol.

Les hominoïdes apparaissent beaucoup plus diversifiés dans les forêts d'Afrique au début du Miocène, entre 25 et 15 millions d'années que de nos jours. C'est leur âge d'or avec plus d'une centaine d'espèces fossiles connues et de toutes les tailles. Certaines se déplacent à quatre pattes sur les branches ; d'autres, bien plus corpulentes, au sol comme les *Proconsuls* ; d'autres commencent à tester la suspension, comme *Morotopithecus,* de grande taille lui aussi. Les hominoïdes occupent toutes les niches écologiques, ne laissant que peu de place aux autres singes, ceux dits « à queue » ou cercopithécoïdes, les ancêtres des babouins, colobes, entelles, macaques et autres cercocèbes actuels. *Nous sommes des hominoïdes africains depuis* Proconsul *et* Morotopithecus. Toutes les autres branches à gauche continuent à évoluer, surtout celle des cercopithécoïdes, même si certaines s'éteignent.

Entre 19 et 17 millions d'années, l'Afrique continue sa poussée tectonique vers le nord, favorisant le dégagement du Proche-Orient encore sous les eaux de la Téthys. Les Hominoïdes franchissent la mer Rouge et se répartissent dans les forêts de la frange méridionale de l'Eurasie, de l'Atlantique à la mer de Chine. En Europe, ce sont les Dryopithécidés, avec des genres capables de marcher debout, comme *Oreopithecus*. Tous s'éteignent vers 6 millions d'années à cause du quasi-assèchement de la Méditerranée à la suite de la fermeture du détroit de Gibraltar (depuis, l'Afrique a encore bougé et ouvert de nouveau le passage qui alimente la Grande Bleue). En Asie, ce sont les Pongidés, avec *Ramapithecus*, *Sivapithecus* et une forme gigantesque, *Gigantopithecus*, dont les ultimes survivants sont les orangs-outangs de Sumatra et de Bornéo. En Afrique, ce sont les Hominidés qui, dans ce déclin généralisé des Hominoïdes, connaissent une évolution flamboyante avec les australopithèques et les hommes, sans oublier les chimpanzés et les gorilles, avant de subir, elle aussi, un déclin au cours des derniers millions d'années. Pourquoi un tel déclin après cette étonnante planète des Hominoïdes sur trois continents entre 17 et 6 millions d'années ?

Les Hominoïdes dépendent étroitement du monde des arbres et, avec les variations climatiques qui s'intensifient vers la fin de l'ère tertiaire avec l'arrivée des âges glaciaires, ils peinent à suivre le rythme des expansions et des rétrécissements des étendues forestières. Ils auraient pu s'y adapter, mais ils étaient et sont toujours en concurrence avec les Cercopithécoïdes. En Asie, les Pongidés sont confrontés aux macaques ; en Afrique, les Hominidés sont en compétition avec les cercopithèques dans les forêts et les babouins dans les savanes arborées. L'évolution des simiens en général mène à la « planète des singes », pas celle des Hominoïdes comme dans le roman de Pierre Boule adapté plusieurs fois au cinéma, mais celle des « singes à queue ». C'est ainsi que le paradis des forêts est devenu un enfer vert pour notre petite branche des grands singes africains. *Nous sommes des Hominidés africains depuis plus de 7 millions d'années, dont désormais le seul horizon se dégage en marge des forêts et des savanes arborées, chassés de ces paradis ancestraux et originels pleins de fruits non pas par Dieu, mais par des singes à queue.* Toutes les autres branches continuent à évoluer, alors que la nôtre résiste, avec quelques succès, mais aujourd'hui réduite à une poignée d'espèces.

Le déclin des Hominoïdes et l'Homme

Notre lignée des hominidés africains ne dévoile ses origines que depuis l'an 2000 avec l'annonce d'*Orrorin* du Kenya, surnommé pour cela le « fossile du millénaire », puis avec Toumaï ou *Sahelanthropus* du Tchad découvert en 2002 et, bien que connu depuis 1994, *Ardipithecus* d'Ethiopie lequel a agité les médias en cette belle année Darwin. Ces superbes fossiles ne sont pas les cavaliers millénaristes de l'Apocalypse, mais des preuves sorties des sédiments de nos origines africaines, entre 7 et 5 millions d'années. On ne sait pas ce qui se passe avant en Afrique, entre 7 et 14 millions d'années ; peut-être sont-ils les descendants d'Hominidés africains qui restent à découvrir ou bien issus d'un groupe de grands Hominoïdes revenus d'Eurasie. On en discute mais, quoi qu'il en soit, cela se passe sur la Terre et au cœur de l'Ancien Monde. Ces fossiles présentent une grande diversité d'anatomies faciales et locomotrices. Tous marchaient debout et tous vivaient dans des milieux arborés, pas dans des forêts tropicales comme les grands singes africains actuels, mais des forêts plus sèches et fragmentées, et bien que denses près de l'eau.

La première évidence est qu'il n'y a plus de chaînon manquant, mais des candidats qui pointent leurs prétentions à occuper la place la plus proche du dernier ancêtre commun aux hommes et aux chimpanzés actuels. Lequel est-ce ? A chacun son champion dans ce monde si agité de découvertes et de controverses de la paléoanthropologie. La science a tenu sa promesse et apporté les preuves de nos origines communes et récentes avec les grands singes africains. Ce qui n'était ni dit ni écrit nulle part dans aucune cosmogonie des peuples du monde attendait une révélation par les Sciences de la Vie et de la Terre.

Ces fossiles aptes à la bipédie prennent à contrepied toutes les idées sur les origines de la marche debout. L'un des mythes les plus solidement plantés dans l'esprit de la culture occidentale est celui du grand singe quadrupède qui se redresse d'un coup de rein en marge de la savane pour regarder au-dessus des hautes herbes et courir vers sa destinée. En l'absence d'arbres, le grand singe se redresse et s'humanise en portant le regard et la pensée vers le ciel. Les religions du Livre et du désert s'appuient sur cette idée de l'Homme les pieds rivés au sol – sa déchéance de mortel –, mais directement en relation avec les cieux, Dieu et le Salut. La philosophie aussi, avec la procession inébranlable de l'échelle naturelle des espèces – la *scala natura* – et la métaphore de la clairière ontologique de Heidegger. Ces trois fossiles nous renvoient dans le monde des forêts des origines ; ainsi soit-il !

L'évolution de notre lignée des hominidés est tout sauf linéaire. Tous ces fossiles annoncent un bouquet de branches au sein de notre famille, ce qui contraste avec le fait que, de nos jours, il ne reste qu'une seule espèce d'Homme (*Homo sapiens*), deux espèces de chimpanzés – les graciles ou bonobos (*Pan paniscus*) et les robustes (*Pan troglodytes*) – et deux espèces de gorilles (*Gorilla gorilla* et *Gorilla beringei*). Les plus proches de nous dans la nature actuelle sont les chimpanzés, avec lesquels nous partageons le même patrimoine génétique – c'est normal, puisque nous sommes frères d'évolution. Comme nous, ils ont une espérance de vie d'au moins une cinquantaine d'années ; vivent dans des sociétés avec plusieurs mâles adultes apparentés et des femelles adultes venues d'autres communautés ; pratiquent les intrigues de la politique avec leurs cortèges de fidélités, d'amitiés, d'inimitiés, d'agressions, de mensonges, de trahisons, de négociations sexuelles et de réconciliations ; se font la guerre ; rient, pleurent et s'épouillent ; sont doués d'empathie et de sympathie ; utilisent des dizaines d'outils végétaux, en bois et de pierre, et développent des cultures fondées sur des innovations et des traditions ; sont omnivores avec une préférence pour les fruits, les insectes et les feuilles tendres, avec une appétence pour la viande, qu'ils partagent selon leurs affinités personnelles ou intentionnelles ; n'hésitent pas à marcher debout, surtout les bonobos, par commodité, pour menacer ou transporter des enfants, de la nourriture ou des objets ; pratiquent la copulation face à face avec leurs partenaires préférés. Tout cela vient donc de notre dernier ancêtre commun. Toute l'évolution des différentes lignées d'Hominidés se fera sur des déclinaisons de ce registre hérité de nos origines communes, qu'il nous faut maintenant rechercher chez des fossiles plus anciens encore à découvrir.

Après six millions d'années d'évolution divergente, les chimpanzés et les hommes ont accumulé des différences considérables, mais tout en conservant ce legs des origines communes. Alors quelle serait la différence fondamentale entre nos frères d'évolution et nous ? Pas les fondements cognitifs du langage, mais la parole et la capacité fabuleuse de raconter des histoires et de se demander « d'où venons-nous ? ».

Chroniques afariennes

On ne sait rien de l'évolution des grands singes africains depuis notre séparation. On la connaît beaucoup mieux pour notre lignée. Les australopithèques et leur mascotte Lucy déploient leur diversité sur presque toute l'Afrique entre 4 et 3 millions d'années. En Afrique centrale, il y a Abel ou *Australopithecus bahrelghazali* du Tchad ; en Afrique australe, il y a *Little Foot* ou *Australopithecus africanus*, et peut-être un autre plus archaïque ; en Afrique orientale, il y a Lucy et les *Australopithecus afarensis* d'Ethiopie, du Kenya et de Tanzanie ; *Australopithecus anamen-*

sis du Kenya et, enfin, pas la moindre, *Kenyanthropus platyops* du Kenya.

Ce peuple des australopithèques au sens large s'est adapté dans les savanes arborées d'Afrique, dans un milieu en mosaïque composé de forêts plus denses près de l'eau ou galerie le long des cours d'eau, et de savanes plus ouvertes loin de l'eau. Ils vivent toujours à proximité des arbres, dans lesquels ils se déplacent très à l'aise, et arpentent le sol des savanes arborées en usant de leur bipédie encore chaloupée et fatigante. Ils conservent des bras et des mains longues ; leurs jambes sont courtes et fléchies, avec un pied allongé aux orteils développés, dont le premier s'écartant des autres, comme chez les chimpanzés actuels. Par contre, leur bassin, la région lombaire et le fémur ressemblent plus à celui des humains ; mosaïques des allures et des anatomies comme des répertoires locomoteurs et des paysages.

Il en va de même pour le crâne. Certains ont une face courte et haute ; d'autres des faces projetées vers l'avant. La face et la mandibule sont robustes, avec des dents de grande taille et couvertes d'émail épais. Ils sont omnivores, avec une préférence pour les parties souterraines des plantes – racines, bulbes, rhizomes, tubercules et oignons –, de bonne qualité nutritive, mais qu'ils mastiquent avec force conviction. La taille du cerveau dépasse à peine celle des chimpanzés actuels, bien qu'avec une organisation cérébrale plus proche de celle des hommes. Tel est le petit monde de Lucy et des australopithèques, qui ne campent aucunement une transition intermédiaire entre les chimpanzés et nous ; puisque ces derniers suivent leur propre évolution. Alors sont-ils à l'origine du genre *Homo*, autrement dit, des premiers hommes ? Il fut un temps, celui de sa splendeur, où Lucy de l'Afar était présentée comme notre belle et petite ancêtre. Mais depuis, le peuple des australopithèques n'a cessé de croître et, telle une idole abandonnée de ses adorateurs, Lucy et les siens se retrouvent sur une branche résolument cousine de celle des hommes. Il est possible qu'il en soit de même pour tous les australopithèques.

Les paléoanthropologues n'hésitent pas à brûler leurs panthéons fossiles pour célébrer de nouvelles idoles, aussi fragmentaires que les précieuses reliques des saints. La paléoanthropologie prend le chemin inverse des grandes religions. Il fut un temps où les sociétés humaines honoraient une pluralité de divinités pour comprendre la complexité et l'incertitude du monde ; puis un dieu unique s'est imposé avec le poids de ses certitudes. Du côté des fossiles, tout a commencé par une découverte aussi rare que précieuse, mais qui a imposé sa figure dogmatique sur le terrain jusque-là déserté de la connaissance. Puis d'autres fossiles arrivent avec leurs nouvelles interrogations : qui est l'ancêtre de qui ? Ainsi va la science dans son élan perpétuel : plus on a de connaissances, plus la grande question reçoit une diversité de réponses, néanmoins toujours plus proches de ce qui a été.

Les limbes du genre humain

Les changements climatiques s'intensifient vers la fin de l'ère tertiaire avec l'arrivée des âges glaciaires. L'Afrique subit l'alternance de périodes aux climats plus humides ou plus secs, avec une tendance générale à l'assèchement. Les milieux forestiers reculent et se fragmentent avec l'expansion des savanes et des plantes graminées. Après les australopithèques, arrivent leurs descendants, les paranthropes ou australopithèques robustes, et d'autres avec des relations de parentés d'ancêtres à descendants plus incertaines, les « premiers hommes ». Seconde radiation ou succès adaptatif de notre lignée avec plusieurs espèces de Paranthropes en Afrique australe et orientale, et aussi les *Homo habilis* et *Homo rudolfensis*, des « hommes » au statut d'humain encore fort discutable.

Tous marchent debout et un peu mieux que leurs prédécesseurs australopithèques, avec des jambes sensiblement plus longues, un genou en extension et des pieds aux orteils réduits, dont le premier cette fois est accolé aux autres. Les bras sont plus courts par rapport aux jambes et au tronc, ce qui trahit des mœurs moins arboricoles. La main acquiert une anatomie plus large, avec des doigts aussi plus courts aux phalanges plus robustes et aux extrémités élargies. En cela, elle ressemble à la main humaine. Tous ces hominidés ont été retrouvés à proximité des plus anciens outils de pierre taillée, ceux dit de la culture d'Olduvaï, en Tanzanie. Ces outils sont obtenus en frappant un silex sur un autre pour en dégager des éclats coupants comme des rasoirs et des hachoirs. Il ne s'agit pas là d'actions simples. Il faut choisir de la pierre aux propriétés physiques idoines et taper de manière maîtrisée selon des angles précis. La reconstitution de leurs gestes d'artisan – les chaînes opératoires – indique qu'ils étaient droitiers, ce qui correspond à leur cerveau à la fois plus gros et avec des asymétries entre les deux hémisphères. Ces asymétries, avec un hémisphère gauche plus développé dans ses régions temporales et pariétales, sont associées à la dextérité et aussi au langage. C'est le cas chez les paranthropes, mais encore plus chez les « premiers hommes » et c'est bien pour cela qu'on en a fait des hommes. Ainsi commence l'âge de la pierre taillée ou Paléolithique.

Une fois de plus, quelles que soient les innovations au cours de l'évolution, celles-ci émergent toujours sous le signe de la variabilité, même chez les hominidés, que ce soit pour les bipédies, les outils et les plus gros cerveaux, longtemps tenus comme les apanages exclusifs et étriqués du genre *Homo*.

Issus d'ancêtres australopithèques assez proches, les paranthropes et les « premiers hommes » ne peuvent survivre au sein d'une même communauté écologique qu'en évitant d'être directement en compétition : c'est la divergence écologique. Les paranthropes se spécialisent dans la mastication plus efficace des parties souterraines des plantes. Ils s'aident de bâtons à fouir pour les déterrer, ce qui ne les empêche pas d'utiliser des outils de pierre pour préparer ces nourritures végétales et, à l'occasion, carnées – obtenues par la chasse opportuniste ou sur des carcasses d'animaux fraîchement décédés.

Les « premiers hommes » orientent leur régime alimentaire vers l'obtention plus systématique de viande, soit en chassant des proies de petite et de moyenne taille – gazelles, antilopes, lièvres, jeunes cochons… –, et surtout en recherchant des carcasses de grands herbivores morts depuis peu.

Grâce à leurs outils, ils en débitent des quartiers qu'ils transportent dans des ateliers de boucherie éloignés des prédateurs. Plus que chasseurs, ils se révèlent d'habiles charognards remarquablement organisés, aménageant des dépôts d'outils sur leurs vastes territoires. On sait aussi qu'ils faisaient de longues excursions, sur des dizaines de kilomètres, pour atteindre des gisements de pierres propices à la taille de leurs outils, dont on a retrouvé des ateliers, comme à Lokalelei au Kenya, datés de 2,35 millions d'années. On ignore comment ces groupes s'organisaient, se dispersaient, se retrouvaient peut-être autour de fragiles abris dont on pense avoir retrouvé des indices. Une vie sociale aussi complexe requiert *a minima* un langage suffisamment élaboré pour évoquer les lieux, les engagements, les faits, etc. Peut-être se racontaient-ils de petites histoires, mais certainement pas des récits sur le monde ; après tout, ce ne sont pas encore des hommes véritables.

Un nouveau venu Homo

C'est toujours au cœur de cette Afrique des origines, et dans cette communauté très diversifiée des paranthropes et des « premiers hommes », qu'apparaît *Homo ergaster*, un homme incontestable, vers 2 millions d'années. Il émerge depuis les *Homo habilis* au sens large, mais pas forcément en Afrique de l'Est puisqu'on le retrouve très vite à Dmanisi en Géorgie, il y a 1,7 million d'années, peut-être avant dans d'autres sites archéologiques d'Asie.

On a dit qu'il devait posséder un langage complexe pour engager une telle aventure : celui du premier hominidé complètement affranchi du monde des arbres. C'est peu probable puisqu'il migre avec ses communautés écologiques en compagnie des lions, des guépards, des antilopes, des éléphants... Ses atouts sont sa grande taille, une bipédie très performante comme la nôtre – dont nous avons en fait hérité –, un plus gros cerveau et des mœurs d'un redoutable prédateur. Cependant, il ne tarde pas à innover : il utilise le feu depuis plus de 1,5 million d'années, taille de superbes bifaces symétriques et construit des abris. Bientôt, il emménage dans des grottes et des abris sous roche, construit des abris et emploie de l'ocre.

A ce moment de notre évolution, toutes les autres branches de notre famille africaine disparaissent, d'abord les « premiers hommes » directement en concurrence avec *Homo ergaster*, puis les paranthropes vers 1 million d'années. Que devaient penser ces derniers paranthropes, accrochés la nuit dans leurs arbres, qui voyaient ces hommes redoutables regroupés autour du feu et défiant les dangers de la savane ? Ils s'éteignent définitivement alors que les *Homo ergaster* éclairent de plus en plus les mondes de la nuit.

Les populations d'*Homo* se dispersent en Afrique, en Europe et en Asie. Plus tard, vers 700 000 ans, se dessinent plusieurs branches, autrement dit, plusieurs espèces humaines. En Europe, ils deviennent hommes de Neandertal ; en Afrique et au Proche-Orient les *Homo sapiens* – nous –, et sur l'immense Asie, les *Homo erectus* : les hommes de Pékin et de Java et les petits hommes de Florès. Depuis 100 000 ans, ces hommes se rencontrent, notamment au Proche-Orient, carrefour de toutes les humanités. Ils cohabitent pendant des dizaines de milliers d'années, parfois s'évitant, s'agressant, échangeant, liant des amitiés… Puis, vers 60 000 ans, de nouveaux *Homo sapiens* entament leur expansion. Bientôt, ils sont partout sur la Terre, ayant poussé les autres hommes vers la fin de la préhistoire.

Ont-ils conscience qu'ils sont les derniers survivants d'une lignée jadis florissante en Afrique, terre des origines ? Après avoir conquis le monde, les hommes commencent d'autres quêtes comme celles des origines nourries de leurs imaginaires et de leurs besoins de sens. Quel étrange paradoxe : une seule espèce d'homme partout sur la Terre, ignorante de ses origines naturelles et s'inventant des récits sur les origines du monde. Ainsi commence le temps du mythe !

5

Viva *Homo narrens* !
La préhistoire de nos mythes

« Le grand défaut des Européens
est de philosopher toujours
sur les origines des choses d'après
ce qui se passe autour d'eux. »

Jean-Jacques ROUSSEAU.

Quel est le propre de l'Homme ? En fait, que reste-t-il du propre de l'Homme ? Depuis quatre siècles, par ses multiples découvertes, la science a expulsé l'Homme du centre du Cosmos, d'abord en montrant qu'il vit sur une petite planète tournant autour de l'une des milliards d'étoiles d'une galaxie parmi d'autres ; puis en montrant qu'il n'a pas fait l'objet d'une création particulière. Telles sont les « blessures » infligées à son amour-propre. C'est son égocentrisme confondu avec le géocentrisme qui l'a mis dans cette situation. Les hommes éprouvent un besoin viscéral de sens, de donner un sens à la vie, à leur vie. Alors, ils ont inventé une diversité fascinante de récits sur les commencements du monde, des mythes appelés cosmogonies. La très grande majorité de ces récits est orale, quelques-uns seulement sont écrits, et prétendent imposer « leur vérité » à tous les autres ; pour ce faire, il a fallu en éliminer ou les contester, car jugés archaïques ou païens, y compris d'ailleurs certaines conceptions scientifiques du commencement du monde. Le propre de l'Homme se trouve là, dans cette nécessité ontologique de s'inscrire dans le monde grâce à un récit, mythique, mais qui lui permet de construire un rapport rationnel avec le Cosmos, la Nature, les autres espèces et, bien sûr, avec les autres hommes. Indéniablement, le langage et la parole fondent le monde des hommes, des centaines de millénaires avant les premières écritures. Les preuves les plus sublimes nous sont apportées par les vestiges de la préhistoire.

Quels sont alors les plus anciens témoignages des premiers récits cosmogoniques ? Evidement, les défenseurs des Ecritures et d'une lecture littérale (littéralisme), voire fondamentaliste, de ces textes affirment que tout commence il y a six mille ans ; c'est le récit de la Création. Et avant ? Rien, le néant ! Forcément, car sinon que serait la Création ? Et pourtant cela fait plusieurs centaines de milliers d'années que les hommes, et pas seulement ceux de notre espèce, les *Homo sapiens*, se posent ces questions existentielles. Depuis quand exactement ? Les récits oraux s'envolent, comme les paroles. Mais si on associe les inventions de ces narrations aux plus anciennes preuves d'actes autour des défunts et de la mort, on peut remonter au moins à 300 000 ans, d'après les restes humains du « puits aux ossements » d'Atapuerca, en Espagne. Qui sont ces hommes ? Il était une fois…

La parole qui relie

L'homme de récit, *Homo narrens,* s'éveille au monde il y a très longtemps, bien avant l'apparition d'*Homo sapiens*. Si les religions inspirées de la Genèse et de la Création font émerger l'être humain d'une révélation qui ignore tout ce qui aurait pu être avant, elles ne se trompent pas en énonçant qu'au commencement était, non pas le verbe, mais la parole. Les controverses ne manquent pas à propos des origines du langage. Ses fondements cognitifs datent de plusieurs millions d'années puisqu'on les retrouve chez nos compagnons d'évolution, les chimpanzés. Seulement ces derniers ne sont pas capables de raconter le monde, d'inventer des récits. Il semble qu'ils puissent évoquer un désir ou un état ressenti de bien-être ou de mal-être, peut-être une expérience vécue dans leur histoire personnelle, mais pas de narrer une histoire commençant par « il était une fois ». Enfin, c'est ce qu'on a coutume de dire sur les chimpanzés, parce qu'ils ne nous disent rien. On retrouve en cela l'un des grands pionniers de l'éthologie, Jakob von Uexküll, qui affirme que les animaux sont au monde alors que les hommes sont des constructeurs de mondes, une forme de dualisme qui passe par la capacité d'inventer des mondes symboliques.

Qui est la première femme ou le premier homme, pourquoi pas le premier enfant, à avoir dit « il était une fois » ? Peut-être une maman *H. ergaster* voulant endormir son enfant. Il n'existe pas de formule plus magique car, dès son énoncé, on passe de l'autre côté du miroir.

On sait que Lucy et ses amis australopithèques dormaient dans des nids confectionnés dans les couronnes des arbres, la tête près des étoiles. D'ailleurs, le nom de Lucy ne vient-il pas de la chanson des Beatles *Lucy in the sky with diamonds*. Mais, un jour, ce petit être fut emporté par une rivière déchaînée qui déposa son corps dans un méandre plus calme où Lucy s'assoupit à jamais dans un lit de sédiments. Trois millions d'années plus tard, de jeunes paléoanthropologues la sortirent de son long sommeil fossile et lui offrirent une autre vie par la grâce de la science. Il était une fois Lucy et ses princes charmants devenus célèbres. Mais que pouvait raconter Lucy ? En tout cas, pas des histoires pour endormir de jeunes australopithèques, là-haut, perchés dans leur nid de feuillage sous le ciel étoilé.

C'est avec les « premiers hommes », les *Homo habilis*, que le langage devient un mode de communication plus élaboré. Leur cerveau présente des aires cérébrales plus développées, en relation avec un mode de vie plus complexe. Ces « premiers hommes », qui ne sont pas encore tout à fait des hommes, occupent et exploitent des territoires plus vastes et taillent des outils de pierre. La quête de ressources carnées et de matières premières requiert de nouveaux messages sur les lieux, les temps, les obligations, avec des organisations sociales nouvelles. Ils aménagent des ateliers de taille, d'autres de boucherie et d'autres encore où se reposer et dormir, toujours près des arbres ou dans les arbres. Leurs éclats de silex ne leur ont pas encore permis de rompre le cordon ombilical et originel avec le monde des arbres. A croire qu'il faut attendre que des hommes, des *H. ergaster*, s'éloignent des forêts originelles pour inventer les premiers récits des origines.

Les vrais hommes, le genre *Homo*, naissent d'une rupture. Ils quittent les habitats arborés pour marcher vers des horizons dégagés. Ils sont les premiers grands singes migrateurs marchant vers des terres ignorées que l'évolution ne leur avait pas promises. On raconte que, pour entreprendre ces premières migrations, ils possédaient un proto-langage porteur de récits susceptibles de les entraîner loin des lisières arborées et d'arpenter les franges méridionales de l'Eurasie. Mais que savaient-ils du passage de la mer Rouge ou du Proche-Orient ? En fait, ils partirent avec leurs communautés écologiques, poussés non pas par de quelconques déluges, mais par des changements d'environnement imposés par les glaciations. Quand il fait froid sur la Terre, d'immenses quantités d'eau douce se figent dans les glaciers, ce qui provoque un assèchement du climat dans la bande des tropiques. Alors lions, guépards, mammouths, gazelles et hommes se déplacent, à peine dépaysés. Ce que ces hommes ignorent, appelons-les *Homo ergaster*, c'est que ces migrations les sauvent de l'extinction. Car, comme on l'a vu, entre 1,5 et 1 million d'années, toutes les autres branches de la famille des grands singes qui marchent debout, les hominidés s'éteignent. Premier paradoxe de notre histoire évolutive : alors qu'auparavant coexistèrent plusieurs espèces d'australopithèques, de « premiers hommes » et de paranthropes en Afrique, ne survit que le genre *Homo*, heureusement sevré des arbres, mais déjà sur trois continents. Ainsi le genre *Homo* poursuit son évolution en solo et, bientôt, jette les fondements de la condition humaine en devenant constructeur et narrateur de mondes.

Si l'Homme se distingue comme le seul grand singe migrateur capable de s'adapter à une diversité toujours plus large d'écosystèmes, depuis le niveau des mers jusqu'à des latitudes et des altitudes toujours plus hautes, il édifie une niche écologique aux limites encore inconnues par les techniques et les récits. Depuis les tout premiers hominidés, comme Toumaï et *Orrorin*, comme aujourd'hui encore chez les chimpanzés, on utilise des outils, on construit des nids dans les arbres, on chasse, on partage la nourriture, on s'aime, on se déteste, on fait de la politique, on ment, on se réconcilie, on se fait la guerre, l'amour aussi, la vie sociale repose sur des notions de bien et de mal, on communique par mimiques, gestes et vocalises, on se réjouit des naissances et on s'attriste de la mort ; mais jamais de récit. Toutes ces émotions, tous ces sentiments, toutes ces peines et toutes ces joies, que l'on pensait propres à l'Homme, se manifestent sans la parole alors qu'ils nourrissent tous nos romans, nos fables, nos poèmes, nos chansons... Pourtant les grands singes savent ce que sont des engagements, des promesses, des trahisons ; autant de vécus et de ressentis partagés grâce à l'empathie et la sympathie, mais restant non dits. Tous les hominidés appréhendent avec la plus grande intelligence les possibilités de leurs milieux, innovent, apprennent, transmettent, établissent des traditions et des cultures. Mais ils ne racontent jamais d'histoire. Jamais de « il était une fois » ; même pas la possibilité d'évoquer l'« autre fois », alors que cela a été vécu ensemble, parfois.

Homo commence à modifier le monde en transformant la matière, en construisant des abris, en utilisant des colorants et en s'appropriant le feu. Comment imaginer l'ambiance autour du premier feu qui éclaire la nuit, bataillant contre l'obscurité avec ses petites flammes. C'était il y a plus de 1,5 million d'années, quelque part en Afrique de l'Est ou du Sud. Plus tard, des centaines de milliers d'années plus tard, un homme seul dans la nuit voit pour la première fois ce que toute l'humanité n'avait aperçu que d'un regard lointain : Galileo Galilée plonge son regard dans le ciel immense avec sa lunette. *Homo narrens* se double d'*Homo prometheus* :

par ses inventions techniques et ses instruments, l'Homme pénètre des mondes qui dépassent sa réalité biologique, celle de tous les sens acquis au cours de son évolution.

La pierre et l'esprit

Quel était le langage de ces *Homo ergaster* ? Pouvaient-ils raconter ce qu'ils avaient fait dans la journée, leurs exploits, leurs surprises, leurs mensonges ? Paroles éteintes à jamais comme les braises de leurs feux. Heureusement, leurs pensées ont façonné la pierre. Ils taillent des bifaces, magnifiques artefacts lancéolés, à la base arrondie et d'une symétrie équilibrée. Ils choisissent la matière, la caresse et la frappe avec précision à l'aide de percuteurs tendres pour ôter des éclats longs et couvrants. Coup après coup, le biface prend forme et, grâce à de multiples retouches, son profil se précise : symétrie parfaite d'une face à l'autre. Le talent des diamantaires vient de là, de la profondeur des âges et des matières qui ont éveillé le génie des hommes. Ces hommes du Paléolithique ancien se montrent sensibles à la qualité et à la beauté de la pierre. Parmi la diversité des outils créés, on s'émerveille de ces bifaces dont les gestes nécessaires à leur réalisation, leur séquence, leur récursivité, leurs enchaînements et leurs reprises s'expriment comme un langage, avec de longues phrases en résonance avec les chaînes opératoires pour donner du sens, et aussi des sensations.

Pourquoi de tels objets, si ce n'est pas le désir de créer, de jouer avec les contraintes physiques de la matière pour mieux les apprivoiser et inventer des formes inconnues dans la nature, et aussi dans l'accomplissement d'une gestuelle orchestrée dans une chorégraphie entre la main et la pierre. Tenir un biface et toucher sa forme sensuelle aux rondeurs féminines suscite de l'émotion, premiers émois de l'esthétique et des représentations du désir. Naissance du rythme, comme dans une magnifique adaptation à la scène de *Pourquoi j'ai mangé mon père* où tout commence par des percussions désordonnées, jusqu'à ce que les tailleurs de pierre, hommes ou femmes, se retrouvent dans une « jam session » ; toutes les musiques du monde viennent des percussions qui résonnent d'une immense profondeur préhistorique.

Est-ce que ces hommes inventent des récits sur les commencements de leur monde ? Pourquoi ne seraient-ils pas inspirés par ce qu'ils font : faire jaillir de la beauté et du sens depuis le cœur informe de la pierre ? Le biface est un cœur de pierre, né du désir de créer. Et le feu, bien sûr. Dans une scène de *Pourquoi j'ai mangé mon père*, les femmes et les hommes se retrouvent assis autour d'un foyer pour manger et parler. La lumière des flammes oscillantes fait danser les ombres des corps sur les parois de l'entrée de la caverne. Une jeune s'empare d'un bout de charbon et s'amuse à dessiner le profil projeté de l'un des adultes. Ce dernier s'en offusque et efface l'esquisse figée de son corps. Cette scène rappelle la parabole du Christ, qui n'a jamais écrit, sauf une fois dans le sable avant qu'une vague ne vienne tout effacer. Ce qui compte, c'est la parole et sa diffusion par les disciples. Au Paléolithique ancien, point d'écriture, mais peut-être des récits perdus au fil de milliers de générations, ou dont quelques fragments se retrouvent dans la diversité des mythes encore préservés. Il a existé tant de récits des origines avant l'invention de l'écriture et de la Création. Le feu, avec ces éclairs de lumière, ses crépitements, ses étincelles virevoltant vers le ciel et ses jeux d'ombres animant les silhouettes des corps, ouvre des mondes d'émerveillement, bientôt d'imaginaires accaparés par le langage. L'esprit des hommes rencontre des esprits nés de ses impressions et de son imagination.

Homo ergaster s'intéresse aussi à l'ocre. Pour quoi faire ? Assainir le sol de ses abris ? Traiter les peaux ? Ou aussi s'en enduire le corps ? La cosmétique s'éveille par la beauté de la pierre et de l'ocre. La cosmétique, qui joue avec les apparences, n'a rien de superficiel puisque, selon son étymologie, cela signifie être en relation avec le Cosmos. La cosmétique est l'interface entre l'individu et ce qui l'entoure, une mise en relation entre être soi et être aux autres. On ignore l'usage fait par les *Homo erectus* de l'ocre, de la cendre, des argiles sur les corps. Ne pourrait-on pas avoir, enfin, un autre regard sur ces ancêtres considérés comme des bêtes prométhéennes ? Ces femmes et ces hommes du Paléolithique ancien se déploient sur trois continents. Comment imaginer qu'ils puissent oublier d'où ils venaient ou ne pas rapporter des récits de là où ils sont allés ? Car ces hommes sont les seuls capables de pénétrer d'autres communautés écologiques. Si les premiers *Homo ergaster* sortent d'Afrique vers 2 millions d'années en compagnie de leurs communautés écologiques savanicoles, avec les lions et les gazelles, arrivés aux confins de l'Inde ils rencontrent les communautés écologiques forestières de tigres et de cerfs. Le roi des animaux et sa cour s'arrêtent devant celle du seigneur des forêts. Seul l'Homme s'octroie le privilège de transgresser les limites écologiques. La rencontre d'autres animaux suscite surprises, effrois, fascinations. Ils nourrissent plus leur imaginaire que leur ventre. Ainsi était *Homo erectus*, l'Homme debout sur la terre, qui est certainement l'inventeur des premières cosmogonies sur les commencements du monde.

Premières questions existentielles

Au fil du temps, les *Homo erectus* se scindent en divers groupes. Ceux de l'Asie centrale et orientale laissent peu de vestiges non périssables pouvant témoigner de leurs préoccupations esthétique, cosmétique et cosmogonique. Les témoignages deviennent de plus en plus abondants en Afrique, au Proche-Orient et en Europe à partir de 500 000 ans. Il y a cet étrange biface de Clacton-on-Sea taillé de telle sorte que le coquillage inséré dans la matrice de pierre apparaisse au centre de l'une des deux faces, un peu décalé sur la gauche, comme un cœur. Dans divers sites d'Afrique australe, des hommes ont accumulé de grandes quantités de colorants noirs ou rouges. Qui sont ces hommes ? Pour l'Afrique, ce sont nos ancêtres directs, les prédécesseurs d'*Homo sapiens* ; pour l'Europe, ce sont les ancêtres des hommes de Neandertal.

Il y a 300 000 ans, ceux qui sont encore des Néandertaliens en devenir déposent les défunts au cœur de la montagne. A Atapuerca, au nord de l'Espagne, ils emportent les corps de femmes, d'hommes et d'enfants morts sur des centaines de mètres suivant des couloirs étroits, avant de les placer dans une salle, comme dans une chapelle ardente. Et là, au milieu des défunts, gît un superbe biface en quartzite rouge, magnifiquement taillé et jamais utilisé. Les découvreurs l'ont surnommé *Excalibur*. Que signifie une telle offrande ? Cela nous dit au moins une chose : la pierre, son travail, sa matière, s'associe aux rituels de ces femmes et de ces hommes qui s'interrogent sur ce qu'est la mort, donc la vie, et l'existence. On ne prend pas autant de précautions pour les morts en dehors d'un récit sur la vie et le Cosmos. Cela fait donc des centaines de milliers d'années que le genre *Homo* conçoit des mondes par-delà le réel et, comme par un cheminement de la pensée sur une courbe de Möbius, conçoit aussi le monde réel au travers de ces mondes imaginés.

Il n'y a donc pas que notre espèce *Homo sapiens* qui se pose la question de la vie et du sens de la vie. En toute logique phylogénétique, cela veut dire que les prémices de ces questions existentielles apparaissent chez l'ancêtre commun aux hommes de Neandertal et à notre espèce, ce qui nous ramène à *Homo heidelbergensis,* accréditant l'interprétation proposée quelques pages plus haut de la complexité de leurs rapports au monde au travers d'expressions symboliques passant par les objets et les récits.

Il y a 100 000 ans, et plus, les hommes du Nord rencontrent les hommes du Sud au Proche-Orient. Quand il fait froid, l'homme de Neandertal pousse vers le sud ; quand il fait chaud, les *Homo sapiens* se déplacent vers le nord. Ces deux types d'hommes, issus d'un même ancêtre récent, que nous appellerons des *Homo heidelbergensis* tardifs, et dont les populations ancestrales ont divergé depuis plus de 500 000 ans, partagent un même complexe technique et culturel, le Paléolithique moyen, dont le Moustérien est l'une des cultures les plus emblématiques. Ils taillent des outils sur éclats de pierre. Au lieu de prendre un silex et d'en ôter un maximum d'éclats et d'en conserver le cœur, comme pour les bifaces, le futur outil est pensé dans sa matrice de pierre. Les artisans dégagent des plans de frappe précis et, à l'aide d'un coup de percuteur ou de marteau en bois ou en os, en extraient un éclat qu'il suffit de retoucher. Tout un processus cognitif conçoit la pièce à obtenir ; le concept précède l'objet. Comment imaginer alors que de tels hommes, dont la pensée pénètre la matière, n'aient pas inventé des cosmogonies fondées sur des relations symboliques avec la nature ?

Les plus anciennes tombes se trouvent au Proche-Orient et datent de plus de 100 000 ans. Qui a commencé à enterrer les morts ? L'idée n'a pas émergé spontanément, comme en atteste la « chapelle ardente » d'Atapuerca. La diversité des pratiques funéraires atteste l'emploi des quatre éléments fondamentaux : la terre, l'eau, le feu et l'air. Enterrer les morts ou les abriter en sous-sol, comme à Atapuerca, semble la coutume la plus ancienne ; mais c'est aussi la seule que les archéologues peuvent retrouver. L'immersion, qui renvoie les corps à l'eau, ne les préserve pas, sauf dans de très rares exceptions – comme ceux des tourbières du nord de l'Europe datant du Néolithique. La crémation ne laisse que des cendres, sauf un cas de pratique apparemment non consumée connu chez les plus anciens Australiens. Selon certaines pratiques liées à l'air et au ciel, les corps sont exposés sur des plates-formes ou des édifices, parfois découpés par des officiants, puis dépecés et emportés par des oiseaux. Présentée ainsi, la diversité des pratiques funéraires entre en résonance avec le mythe des quatre éléments fondamentaux très présents dans la culture occidentale. Mais certaines échappent à cette catégorisation, comme les momifications, qui préservent le corps, ou encore ces morts habillés et ligotés qui se dessèchent lentement au contact d'une atmosphère sèche.

A cela s'ajoute une grande diversité de préparations des corps, avant la cérémonie, mais aussi après, ce qui implique une série de rituels jusqu'à la fin d'un très long deuil. Les cendres peuvent être ajoutées à des boissons ou des plats consommés par la famille ou le groupe, conservées dans une urne ou dispersées dans le vent ou dans l'eau. Les ossements peuvent être déterrés et faire l'objet de nombreux traitements : brûlés, broyés, enchâssés...

Le cannibalisme rituel se manifeste par la consommation des chairs ou de certaines parties du corps, mais aussi plus symboliquement en broyant les os ou en les réduisant en cendres, puis en les incorporant à une préparation culinaire particulière. Les ossements de femmes et d'hommes fossiles portant des traces de découpes datent de plusieurs centaines de milliers d'années, à Atapuerca une fois de plus, mais aussi sur le crâne de Bodo, en Afrique. Dans ce dernier cas, nous sommes chez un ancêtre de notre espèce *Homo sapiens*. Ces quelques exemples fort anciens, comme la très grande diversité des pratiques connues, à peine esquissée ici, mènent à cette conclusion : les sociétés humaines s'interrogent sur la vie, la mort et leur rapport au Cosmos depuis plus de 300 000 ans et, à moins d'admettre leur émergence de façon indépendante dans la lignée néandertalienne en Europe comme dans la lignée sapienne en Afrique, ce besoin d'une pensée ontologique s'éveille au monde chez leur ancêtre commun, ceci nous entraînant à nouveau autour de 500 000 ans avec la maîtrise du feu et des foyers, l'usage de colorants et les parures. Cosmogonies et cosmétiques ne prennent pas leurs racines communes que dans l'étymologie.

Lorsqu'on eut la confirmation au cours des années 1980 que deux types d'hommes, les Néandertaliens et les *sapiens*, avaient vécu dans la même région, le Proche-Orient, entre 110 000 et 50 000 ans, et que tous les deux enterraient leurs morts, on fit des premiers une sous-espèce de notre espèce *Homo sapiens*. Ainsi l'homme de Neandertal devient *Homo sapiens neanderthalensis*. Ce déclassement ne se fonde sur aucun argument anthropologique, mais sur le profond héritage de la culture judéo-chrétienne qui ne conçoit qu'un seul homme pensant comme un seul Dieu, l'un à l'image de l'autre. Dans une perspective plus large, cela fait très peu de temps que les paléoanthropologues ont admis qu'à toutes les époques de l'évolution de notre lignée, depuis Toumaï et *Orrorin* il y a plus de 6 millions d'années, ou comme du temps de Lucy il y a 3 millions d'années, notre lignée ressemble plus à un buisson formé de diverses branches avec, à chaque fois, des espèces contemporaines et partageant les mêmes cultures. Cette conception de l'homme espèce unique à l'image de son Créateur se prolonge avec l'idée d'une lignée unique, conçue comme une longue procession appelée l'Hominisation, dans une vision téléo-théologique inspirée de Teilhard de Chardin.

Deux espèces mais une seule humanité ?

L'anthropologie évolutionniste, renforcée par l'anthropologie moléculaire avec l'étude de l'ADN, notamment celui extrait de fossiles néandertaliens depuis quelques années, aboutit à une tout autre conclusion : les hommes de Neandertal et les hommes dits anatomiquement modernes – nous – constituent deux espèces biologiques distinctes. Certes, elles sont issues d'un même ancêtre commun, des *Homo erectus* tardifs, qui, comme nous l'avons vu, avaient certainement des préoccupations ontologiques. Dès lors, il faut concevoir une seule humanité composée de deux espèces biologiquement distinctes. Une perspective vertigineuse, puisque seules des incompatibilités chromosomiques et génétiques séparent des femmes et des hommes appartenant à une même civilisation, qui ont dû s'aimer, se haïr, se craindre, s'observer, s'imiter, se différencier, se retrouver ou se faire la guerre sur la terre au croisement de toutes les humanités : le Proche-Orient.

Au-delà de cette perspective réduite à la partie occidentale de l'Ancien Monde et de l'Ancien Testament, d'autres populations d'Asie, et probablement aussi d'autres espèces, composaient une humanité peuplée d'hommes biologiquement différents, ne différant que par les aspects les plus fondamentaux et inconscients de leur biologie, mais tous dans une seule sphère ontologique aux multiples facettes.

Une explosion symbolique !

Hélas, nous ne savons rien des cosmogonies de tous ces hommes de la fin de la préhistoire. Leurs univers spirituels se sont envolés comme leurs paroles, leurs chants, leurs musiques, leurs danses, leurs maquillages, leurs coiffures... Les manifestations de l'esprit ou des esprits sont rarement matérialisées sur des supports pérennes. C'est ce que firent les hommes de Cro-Magnon, ceux qu'on appelle les hommes modernes, la version la plus récente d'*Homo sapiens*, autrement dit, l'homme d'aujourd'hui. Les populations européennes créent l'« explosion symbolique » du Paléolithique supérieur vers 38 000 ans, la période la plus récente et la plus flamboyante de la fin de la préhistoire. Mais s'agit-il d'un miracle européen et *sapiens* ?

Notre espèce, *Homo sapiens*, prend ses origines en Afrique, entre 300 000 et 200 000 ans. Des traces d'usage de colorants et quelques pendeloques aux formes imprécises témoignent d'origines profondes de la cosmétique et de la confection d'objets à usage esthétique et peut-être votif. Vers 100 000 ans, les parures de coquillages enduits d'ocre apparaissent en Afrique australe, au Maghreb et au Proche-Orient. Quand des populations d'*Homo sapiens* migrent vers le nord et arrivent en Europe, terre néandertalienne, c'est avec des représentations du monde multiséculaires. Alors on raconte qu'ils influencent les hommes de Neandertal, lesquels adoptent de nouvelles pratiques techniques et aussi cosmétiques. La coïncidence est là, les Néandertaliens taillent des outils débités selon des techniques importées par les hommes de Cro-Magnon et se parent le corps. Au moment où des artistes *Homo sapiens* peignent la grotte Chauvet en Ardèche, il y a 32 000 ans, dans un style d'une maîtrise stupéfiante, des hommes de

Neandertal installés quelques centaines de kilomètres au nord, à Arcy-sur-Cure, construisent un abri avec des défenses de mammouth, collectionnent des objets insolites, comme un fossile de crustacé trilobite, et possèdent un collier fait de dents de carnivores. Alors, est-ce que les *Homo sapiens* à l'allure élancée et à la peau sombre ont apporté une révélation symbolique aux Néandertaliens plus trapus et à la peau et aux cheveux clairs ?

Un courant traditionnel de la paléoanthropologie persiste à voir les Néandertaliens comme des hommes certes intelligents, mais dénués d'un vrai langage, incapables d'avoir des récits sur le monde et de se préoccuper de leurs morts. Cette hypothèse récuse tout critère d'humanité, au sens d'*Homo sapiens*, à ces autres hommes. S'ils inventent de nouveaux outils, c'est grâce aux techniques empruntées aux Cro-Magnon ; s'ils ont des colliers, c'est qu'ils ont été échangés dans un troc avec les Cro-Magnon ; si on trouve une flûte, on engage maints travaux pour récuser la présence d'un instrument aussi raffiné dans un site ou un niveau archéologique qui leur est attribué ; s'ils enterrent leurs morts, c'est qu'ils imitent les mœurs des Cro-Magnon car, de toutes les façons, leur langage est trop pauvre pour en capter toute la portée symbolique et cosmologique. Cette appréciation péjorative des Néandertaliens reprend l'idée d'un seul peuple ayant rencontré la Révélation et sa mission prosélyte, mais dans un contexte très particulier de la rencontre de deux espèces d'hommes. Pourtant, on l'a vu, les ancêtres de Neandertal inventent la première chapelle ardente d'Atapuerca et, bien avant que Cro-Magnon n'envahisse l'Europe, les Neandertaliens enterrent leurs morts dans des cavernes d'Europe, d'Asie occidentale et centrale. On trouve peu de parures, mais il y en a, tout en rappelant qu'on s'est vraiment peu donné la peine de rechercher des traces de leur cosmétique. Et quand on change de regard, on s'aperçoit qu'ils faisaient usage de colorants, de préférence des oxydes de manganèse noirs. Certains objets portent des stries régulières comme Bacho-Kiro en Bulgarie. Quand on soupçonne Neandertal d'en être l'auteur, c'est forcément une production anecdotique ; mais quand des objets similaires sur des blocs d'ocre portent des stries, comme dans la grotte de Blombos en Afrique du Sud, cela témoigne de l'émergence de la pensée symbolique d'*Homo sapiens*.

La rencontre de Neandertal et de Cro-Magnon en Asie occidentale, puis en Europe, est un événement inouï dans l'histoire de l'humanité, moins d'un point de vue biologique et évolutif que culturel, avec deux peuples séparés par l'évolution depuis plus de 500 000 ans, mais tout aussi humains et porteurs de leurs cosmogonies multimillénaires. Nous ignorons tout de ces cosmogonies, mais le plus étrange n'est-il pas que les cosmogonies d'*Homo sapiens*, et plus particulièrement celles qui sont nées au Proche-Orient il y a seulement quelques millénaires avec l'écriture, ne fassent jamais la moindre allusion à une autre espèce d'homme ? Le mythe de la Genèse avec le récit de la Création marque un recommencement qui va effacer tout ce qui précède.

Homo sapiens, l'homme porté par ses mythes

Revenons à ces magnifiques *Homo sapiens* de la fin de la préhistoire. Qu'est-ce qui les entraîne sur les terres néandertaliennes ? Qu'est-ce qui les amène à entreprendre des navigations pour aller par-delà l'horizon pour atteindre le Sahul, la « grande Australie » constituée de la jonction avec la Nouvelle Guinée, quand le niveau des océans est abaissé pendant les périodes glaciaires ? Même au cours de ces périodes, il faut franchir une distance de plus de 80 kilomètres, plus loin donc que la portée de la vision, ce qu'aucun autre mammifère n'a jamais pu faire pendant des dizaines de millions d'années. Idem pour les autres nouveaux mondes, comme les Amériques atteintes plusieurs fois à pied et en bateau, mais aussi le peuplement de l'Océanie et ses derniers paradis terrestres vierges de présence humaine. Qu'est-ce qui tire *Homo sapiens* vers l'inconnu ? Certainement pas des nécessités imposées par la démographie ou la quête de nourriture. Pour entreprendre de tels voyages, avec des femmes et des enfants, il faut être porté par une volonté commune. Comment imaginer des terres encore non promises sans aucun indice sur l'existence d'autres terres ? Seules des représentations du monde animées par des cosmogonies puissantes peuvent porter les hommes vers les mondes inconnus. Christophe Colomb ne fit pas autrement. On savait depuis des siècles que la Terre était ronde et son frère Bartholomé, géographe, l'avait instruit des dimensions et de la forme de la planète. Connaissances nécessaires pour donner la direction, mais pas pour embarquer les hommes dans ce projet, qu'ils soient monarques ou marins. Colomb chercha d'ailleurs dans la lecture des textes anciens et sacrés l'annonce d'un grand navigateur découvreur de nouveaux mondes, avec la promesse aussi d'un Eldorado.

Plus de 50 000 ans avant que Colomb ne voit l'Amérique, des femmes et des hommes arrivèrent en terre d'Arnhem, au nord-ouest de l'Australie. A peine installés, ils gravent et peignent les parois des falaises de Malakunanja ; comment les interpréter : est-ce la naissance d'un mythe annonciateur du « temps du rêve » ou testament, ou bien la naissance de l'art aborigène, avec son style « rayon X » composé d'animaux aux corps marqués par des stries, comme s'ils étaient traversés par des rayons ou des regards. Ces œuvres, nombreuses et grandioses, sont beaucoup plus anciennes que les plus anciennes d'Europe. On en trouve aussi, dans un autre style, à Pedra Furada, au cœur du Mato Grosso brésilien, peut-être tout aussi anciennes. Un des motifs les plus universels, puisque observé en Tanzanie, dans les Pyrénées et les nouveaux mondes, en passant par Bornéo, est la main, peinte ou gravée, sur les parois des cavernes et des falaises abritées. Comme si l'Homme disait « j'y étais » ou « je prends possession de la terre » ou encore « toucher la terre et ses esprits ». Un tel geste, profondément symbolique, s'inscrit dans des constructions cosmologiques qui permettent à l'Homme d'être au monde et de conquérir les mondes visibles et invisibles, ces derniers nés de son imaginaire. Les plus grandes découvertes et les plus grands accomplissements de l'humanité, comme en sciences, se nourrissent d'imaginaires qui poussent les frontières de la connaissance de la vie et du Cosmos. Les mondes réels attendent derrière l'horizon de l'imaginaire.

Une fois de plus, nous ne savons rien du contenu de ces cosmogonies. A part les quelques exemples cités hors d'Europe, c'est sur ce continent que se déploie une grande civilisation qui s'étend de l'Atlantique par-delà l'Oural, celle du Paléolithique supérieur, dont on connaît les représentations par les gravures, les peintures, les sculptures, les objets mobiliers et les parures. Cette explosion artistique ne jaillit pas de nulle part ; elle n'éclate pas comme une révélation soudaine, de même que le Quattrocento et le miracle italien de la Renaissance ne marquent pas l'émergence du catholicisme, encore moins du christianisme. D'aucuns s'émerveillent de la redécouverte de la perspective par les artistes italiens trente mille ans après les deux fresques des lionnes et des rhinocéros de la grotte Chauvet. Les premières interprétations de l'art des cavernes, qu'il soit pariétal ou mobilier, l'associent à des cérémonies pour favoriser la fécondité ou la chasse. Quelques préhistoriens pensent au chamanisme et au totémisme, qui fascinent une ethnologie tout aussi jeune que la préhistoire. Georges Bataille se lance dans une superbe analyse inspirée de la psychanalyse, imaginant la naissance de l'érotisme, ce qui distingue l'Homme de l'animal guidé par ses instincts sexuels. Puis, ce fut le tour des études inspirées par le structuralisme, dont celles d'André Leroi-Gourhan avec une conception sexuée des animaux et des motifs. Toutes ces belles interprétations ne recherchent en fait que les origines de nos représentations actuelles du monde, sans imaginer que des femmes et des hommes, biologiquement et cognitivement comme nous, aient eu d'autres cosmogonies. Leurs magnifiques réalisations artistiques traduisent leurs représentations du monde. Mais quelles sont-elles ? La composition des œuvres pariétales est comme celle des écritures, avec des figures presque réalistes à côté d'autres, abstraites ou géométriques. Les analyses structuralistes mettent en évidence une cohérence dans les associations entre les animaux choisis et aussi entre les signes. Le monde des symboles et des signes reflète des cosmogonies complexes dont seule l'émotion et la beauté nous émeuvent. Leur sens s'est évadé à jamais depuis que l'on a violé ces sanctuaires. Sans une « pierre de Rosette » paléolithique, la signification des œuvres pariétales resterait à jamais un beau mystère ; aurons-nous jamais une telle pierre pour lire les cosmogonies de la fin de l'âge de pierre ?

Ces femmes et ces hommes de la fin de l'âge de pierre connaissaient leurs milieux, leurs ressources, les animaux comme leurs mœurs. Pourtant, rien de tout cela dans les centaines de grottes peintes et gravées : pas de scènes de la vie, de la mort, des allaitements, des combats, des ruts des animaux, aucune représentation des paysages ou des objets se mouvant dans le ciel, jamais d'arbres ou de végétaux, sauf à de très rares exceptions. Les animaux sont toujours en vue latérale, bien campés sur leurs appuis, parfois avec un effet de perspective avec les bois, les cornes et les oreilles décalés. Leur stylisation, qui fait que l'on reconnaît facilement les chevaux de Lascaux, de Niaux ou de Pech-Merle, récuse toute idée d'art figuratif destiné à dire le réel. Les animaux choisis ne sont pas les plus chassés et les associations de diverses espèces comme leur distribution picturale et graphique attestent de différences culturelles et cosmogoniques au sein d'une vaste civilisation. Leurs représentations du monde ont changé au fil des millénaires à la fois dans le temps et dans l'espace.

A côté de ces milliers de représentations animales, les figures humaines restent peu nombreuses, et principalement féminines. Tout le monde connaît ces vénus sculptées, gravées ou ciselées aux formes féminines et sexuelles exacerbées. Les visages sont rarissimes, une absence comblée par la superbe « Dame à la capuche » de Brassempouy. Les figures masculines sont tout aussi rares, si ce n'est ces curieux personnages affublés d'attributs de divers animaux, comme le « Sorcier » de la grotte des Trois-Frères, sans oublier la scène mythique du « puits de Lascaux » avec un homme en érection renversé par un bison. Il y a aussi la statuette de Hohlenstein-Stadel avec un corps d'homme surmonté d'une tête de lion. Par contre, les représentations explicites et symboliques de la vulve et du pénis se comptent en très grand nombre...

Pour évoquer à nouveau les figures féminines, toutes ne sont pas « stéatopyges », comme les vénus graciles d'Ardevo en Sibérie, ou ces silhouettes sveltes et dansantes de la grotte de Lalinde, sans oublier les femmes minces dans des attitudes plus lascives comme dans la grotte de la Madeleine. Pourquoi réaliser de telles œuvres dans les entrailles de la Terre, parfois dans des endroits difficilement accessibles ? Mais il y a aussi les entrées des grottes et les abris sous roche, dont seules les fresques en ronde bosse ont été préservées, comme les chevaux du Cap-Blanc.

Et ailleurs, là où il n'y a pas d'abris naturels ? On retrouve des pièces d'art mobilier, comme des statuettes et des plaques gravées, également des vestiges d'habitats construits sur des infrastructures faites d'ossements et de défenses de mammouths, comme dans les grandes plaines d'Europe orientale. Là, comme au centre de la grande cabane de Mezerich, trône un crâne de mammouth enduit d'ocre et ayant servi de tambour. Plus à l'est encore, sur l'immense Asie, très peu de vestiges nous sont parvenus, non pas parce que ces *Homo sapiens* orientaux étaient moins avancés par leurs outils, leurs modes de vie et leurs cosmogonies, mais parce que leurs visions étaient inscrites sur des matériaux périssables. De ces cosmogonies de la fin de la préhistoire, nous ne nous émerveillons que par la contemplation des derniers reflets des civilisations des âges de glace.

Depuis trente mille ans, peut-être un peu moins, il ne reste qu'une seule espèce d'homme sur la Terre.

Partout *Homo sapiens* a posé ses pieds et apposé ses mains. La tradition anthropologique dominante recherche des facteurs imposés par les éléments : variations climatiques, changement d'environnement, besoin de nouveaux territoires, poussée démographique... Ces facteurs matérialistes interviennent – comme pour toutes les espèces – mais aucune espèce de mammifère n'a jamais accompli une telle expansion dans tous les habitats écologiques de la planète, depuis le niveau des mers jusqu'aux altitudes et latitudes les plus hautes. Pour traverser les déserts et les mers, pour franchir les cols et contourner les murailles des glaciers, il faut une volonté encore plus chevillée à l'esprit qu'au corps. Les acquis techniques des hommes sont des conditions nécessaires, mais loin d'être suffisantes pour de telles entreprises : « La seule véritable entreprise de l'Homme est de se réinventer lui-même », a écrit Francesco Savater. Les hommes, bien avant *Homo sapiens*, se sont lancés dans cette aventure unique de l'évolution. C'est grâce à leurs constructions symboliques du monde, portées par leurs cosmogonies, que les hommes ont conquis le monde réel, devenu Terre des hommes.

Comment prouver cela ? Qu'est-ce qui permet de proposer une telle vision d'un homme plus conquérant par son esprit que par ses innovations techniques ? Les âges de pierre ne sont pas aussi durs que ceux à venir de l'agriculture et des métaux. Ce n'est pas un âge d'abondance, ni un âge d'airain. Les femmes et les hommes de la préhistoire connaissaient les joies et les peines, la naissance et la mort, l'amitié et la guerre, la faim et la bombance, les désespoirs et les fêtes. Ce qui étonne, c'est qu'on n'ait pas encore compris qu'ils avaient plus faim de symboles que de gibier, dévoreurs insatiables de signes et de sens.

Mais quelles sont les preuves de cela ? La tradition du matérialisme préhistorique a échoué à reconnaître la spiritualité des femmes et des hommes de la préhistoire. En France, la découverte de la tombe d'un homme de Neandertal à la Chapelle-aux-Saints, en Corrèze, en 1908, avait ravi les grands préhistoriens souvent hommes d'Eglise, comme l'abbé Henri Breuil, mais n'avait pas du tout réjoui un autre grand préhistorien anticlérical, Gabriel de Mortillet. Pourtant, l'évidence éclate, avec la découverte des fabuleuses sépultures de Süngir par les préhistoriens en Ukraine, en pleine ère glaciale soviétique, puisque nous sommes en 1955.

Ce site archéologique, daté de 27 000 ans, comprend les tombes de quatre individus, une femme et un homme adultes et deux adolescents de chaque sexe. Les squelettes étaient recouverts de milliers de perles en ivoire de mammouth qui avaient été cousues sur des vêtements. Les parures se composent de bracelets en ivoire de mammouth. Des coiffes ou des toques, certainement en fourrure, portaient des diadèmes en canines de renard polaire. Parmi le riche mobilier funéraire, deux longues lances, elles aussi en ivoire de mammouth. Les personnages ensevelis bénéficiaient d'un statut important à la hauteur des richesses de leur apparat funèbre. Les artisans de cette époque savaient redresser les grandes défenses courbées des mammouths, en débitaient des baguettes qui faisaient l'objet de commerce et d'échanges sur de très grandes distances, et fabriquaient de grandes quantités de perles. Les costumes, les offrandes et les parures des femmes et des hommes de Süngir ont nécessité des milliers d'heures de travail et de confection.

Plus au sud, dans l'ex-Yougoslavie, les artisans *Homo sapiens* de Dolni Vestonicé craquaient de l'ocre dans des fours à près de 1 000 degrés pour changer sa couleur. Dans d'autres fours, ils cuisent des statuettes en terre, plus d'une dizaine de milliers d'années avant l'invention de la céramique par les premiers agriculteurs. Dans le Périgord, on a retrouvé un plastron fait de centaines de petits coquillages ocrés et usé sur une seule face pour avoir été porté pendant des générations. Plus au sud, dans les Pyrénées, les chasseurs sculptent des propulseurs dignes des plus beaux sceptres carolingiens. Au Solutréen, vers 22 000 ans, ils inventent l'aiguille à coudre et taillent de grandes lames d'obsidienne, appelées feuilles de laurier, si minces et si fragiles qu'elles se laissent traverser par la lumière. Pour accomplir de telles prouesses techniques, il faut concevoir des techniques de taille par pression avec des appareillages puissants. Toutes ces inventions techniques ne sont pas motivées par des nécessités de survie pour la pêche, la chasse ou la collecte, mais pour nourrir leurs représentations du monde et leurs cosmogonies. Les plus grands changements qui font l'évolution humaine proviennent de leurs capacités à construire des images du monde depuis des temps immémoriaux.

Il est tentant d'aller rechercher chez les derniers peuples traditionnels des éléments des cosmogonies de la préhistoire, comme le chamanisme et le totémisme. Toujours cette tentation de croire que seuls les peuples de l'écriture ont évolué, alors que les autres seraient restés figés dans leurs archaïsmes. On ne les appelle plus primitifs mais premiers ; à se demander si notre vision des autres cultures, d'hier et d'aujourd'hui, est capable d'évoluer. Quelle méprise ! Quel mépris ! Depuis des centaines de millénaires, *Homo* est devenu Homme en transformant et en façonnant le monde qui l'entoure, source d'imaginaire et de sens…

6

De sept jours… à sept millénaires !

> « On acquiert ainsi l'impression que la civilisation est quelque chose d'imposé à une majorité récalcitrante par une minorité ayant compris comment s'approprier les moyens de puissance et de coercition. »
>
> Sigmund FREUD,
> *L'Avenir d'une illusion*
> (trad. Marie Bonaparte).

Après la dernière grande glaciation, il y a 12 000 ans, la Terre bénéficie d'un réchauffement climatique propice à l'épanouissement d'une grande biodiversité végétale et animale. Dans différentes parties du monde situées en marge des régions tropicale et des régions tempérées chaudes, des populations d'*Homo sapiens* se sédentarisent et inventent les agricultures. Cette période, le Néolithique ou âge de la pierre polie, se manifeste dans la vallée de l'Indus, le sud de la Chine, la Nouvelle-Guinée, l'Amérique centrale, l'Afrique occidentale, pour les foyers les plus importants, et bien sûr le Croissant fertile au Proche-Orient. « C'est la révolution néolithique. »

En fait de révolution, l'archéologie observe une longue transition, sur plusieurs millénaires, allant des économies de chasseurs-collecteurs à celles d'agriculteurs-chasseurs. L'interprétation matérialiste traditionnelle, comme à son habitude, inverse les causes et les effets. La région qui s'étend comme un grand arc depuis l'Anatolie en Turquie en passant par la Syrie, Israël, et se continuant par l'Irak et ses grands fleuves, couvre une diversité d'habitats propice à une grande diversité de flores et de faunes. Après la dernière glaciation, les hommes domestiquent le chien, qui était peut-être un compagnon de chasse de longue date, et le chat. L'abondante variété des ressources végétales et animales assure une manne naturelle qui favorise la sédentarisation. Les habitats puis les villages deviennent plus pérennes. La densité de population augmente sensiblement, comme les connaissances des plantes et de leurs rythmes vitaux. Au fil du temps, la part de la cueillette et de la chasse diminue dans l'alimentation, avec la diversité des ressources. Les femmes et les hommes dépendent de plus en plus de leurs productions pour se nourrir, de la qualité des récoltes, de la conservation des grains et des légumes. Ils doivent aussi se protéger, les stocks suscitant des rapines, des massacres de villages entiers. Puis arrive le temps des cités et des guerres organisées à cet effet.

Le long passage d'une économie de chasseurs-collecteurs à une économie d'éleveurs-agriculteurs, entre un monde où l'on collecte et migre et un monde où l'on produit et se sédentarise, s'accompagne de nouvelles cosmogonies et de nouvelles croyances. A côté des « déesses-mères » symboles de fécondité, apparaissent des cultes de la force représentés par les taureaux. L'une des figures les plus célèbres est celle de Chatal-Uyuk, une femme opulente assise sur un trône, ses bras reposant sur deux léopards en guise d'accoudoirs. Des anthropologues féministes y ont vu l'expression d'un matriarcat ancestral, avec la femme dominant les forces sauvages de la nature et assurant la fécondité des récoltes. Les cosmogonies évoquant la graine ou l'œuf primordial naissent certainement à cette époque. Les inégalités entre les sexes deviennent plus marquées, les femmes en charge de la maison et des lourdes tâches du meulage et de la préparation des nourritures pour la cuisine et le stockage. Elles doivent aussi faire des enfants, les champs ayant besoin de bras. Toujours plus besoin de bras et toujours plus de bouches à nourrir avec le fardeau d'un double labeur : celui du travail domestique et celui du travail de l'accouchement, l'étymologie de « travail » venant de là. C'est ainsi que les femmes et les hommes sortent du paradis, et que le statut de la femme se dégrade : les hommes ne leur pardonnent ni leur faiblesse devant le désir qu'elles éveillent en eux ni le privilège naturel de mettre au monde des filles et des garçons, même dans la douleur.

La domination masculine s'affirme avec des cultes de la force masculine représentée par des taureaux. Les rapines, les pillages et les guerres instaurent une insécurité grandissante. Les villages fortifiés avec des maisons aux accès plus protégés et bientôt entourés d'enceintes sortent de terre. Les agressions des hommes – des mâles – entraînent de nouvelles organisations sociales avec l'invention des castes : les guerriers et les prêtres. Une grande partie de l'étymologie des régions du Proche-Orient s'inspire du taureau, domestiqué à partir des fabuleux aurochs : monts Taurus en Anatolie, mère Ionienne d'après la génisse Io, le Bosphore qui est le « passage du bœuf » ou encore les taureaux sacrés de Memphis, sans oublier le Minotaure de Crète. Les Grecs sacrifient une centaine de taureaux lors des grandes cérémonies, les tauroboles, et les légions romaines porteront le culte de Mithra depuis la Syrie jusqu'en Gaule, avant qu'il ne s'efface devant le christianisme symbolisé par le poisson.

On a peine à imaginer la magnificence d'un aurochs mâle, l'animal le plus puissant à l'état sauvage de toute cette époque. Ceux qui eurent l'idée de le domestiquer ne pensaient par à l'araire, à la charrue, et encore moins au paisible bœuf qui réchauffe l'étable où naît le Christ. Les motivations premières, fondamentales, pour sa capture, viennent des cosmologies de ces nouvelles civilisations qui s'efforcent de dominer les cycles et les forces de la nature dont dépendent les récoltes et leur survie.

Les sciences divinatoires et l'astrologie scrutent le ciel et les mouvements des astres dans l'espoir de lire le cours des événements ; c'est aussi le temps des sacrifices avec des animaux et aussi des femmes, des hommes et des enfants, pour plaire aux dieux et aux divinités, ou assouvir leur cruauté. Avec toutes les grandes civilisations, émergent des cosmogonies qui interpellent de plus en plus d'éléments célestes, puis arrivent des dieux et des divinités de plus en plus humains, dans leur apparence comme dans leurs attitudes. Le monde des esprits s'efface devant celui des panthéons. Toutes ces grandes civilisations adoptent des structures et des organisations sociales plus verticales, avec au sommet de toutes leurs pyramides des castes de prêtres et de prêtresses. C'est aussi l'apparition de rois divinisés, représentants d'un dieu plus puissant parmi les autres. Les dernières divinités terrestres deviennent mineures avant de disparaître sous la domination des divinités célestes. La séparation entre le ciel et la terre est achevée. Sous la terre se trouvent les mondes des morts et des enfers. Au dessus, les femmes et les hommes courbés sur la terre à travailler. Et tout là-haut, les dieux installés au-dessus des contingences terrestres, comme ceux qui disent les servir.

Avec l'édification des grandes cités-Etats et bientôt des empires, les panthéons prennent de plus en plus figure humaine. Les divinités égyptiennes se présentent avec des corps d'hommes et de femmes surmontés de têtes d'animaux sacrés. Parmi eux, un va se montrer plus important, Râ ou Amon Râ, annonciateur du dieu unique. Le panthéon grec et ses intrigues de l'Olympe sont on ne peut plus humains.

Même le plus grand, Zeus, s'ennuyant dans son éternité, se mêle des affaires des mortels et courtise plus d'une belle, à la grande colère d'Héra. Les deux seules semi-divinités évoquant encore des animaux sont Lycaon, qui réapparaît plus tard dans les légendes du Loup-Garou, et Pan, avec ses attributs de faune, séducteur jouant magnifiquement de la flûte et doué d'une grande vigueur sexuelle. Pan revient sous les traits du Diable dans la pensée chrétienne, figure de Lucifer qui sévit dans les entrailles et la fournaise de la Terre. Bien plus récemment, *Pan* sera le nom scientifique donné au chimpanzé, qui, dès lors, se voit investi de la honte des origines. Puis arrive le temps des grands monothéismes et l'aboutissement ultime de cette longue évolution des mythes et des religions du bassin méditerranéen : alors que, depuis des millénaires, les dieux et les divinités deviennent de plus en plus humains, arrive un Dieu transcendant qui crée l'Homme à son image.

La création du monde selon la Bible

L'inclination de la pensée occidentale, celle née dans la partie orientale du bassin méditerranéen, à se vouloir universelle a tendance à considérer son histoire comme tout aussi universelle. L'esquisse présentée sur l'évolution des cosmogonies, des mythes et des religions n'est pas inscrite dans un processus qui mène à Dieu. L'invention des cités et des Etats repose sur une déification ou une sacralisation du pouvoir et de celui – le plus souvent – ou celle – plus rarement – qui le représente. Les ziggourats, les acropoles, les temples, les palais et les cités interdites en sont les traductions architecturales, exprimant de façon monumentale la domination de ces croyances sur les sociétés. Les cosmogonies et leur enchantement du monde deviennent des récits de plus en plus pauvres, délaissant les choses de la nature pour se concentrer sur les affaires humaines et les enjeux de pouvoir. Les cités, les Etats et les empires conçoivent un rapport au monde centré sur eux-mêmes. Si les cosmogonies donnent un récit ou une explication sur les commencements de l'Univers, de la vie, de l'Homme et des institutions, leur évolution – si mal connue car peu étudiée dans une telle perspective – tend à devenir de plus en plus anthropocentrique et garante d'un ordre du monde devenu ordre social. Il est en effet étrange de ne pas trouver d'études sur les origines et l'évolution des récits des origines, comme cela se fait pour les langues ou même la phonologie. On dispose des outils méthodologiques et des documents. On pourrait, comme pour la linguistique comparée et historique, retrouver l'équivalent de la « langue mère », qui serait les fragments de cosmogonies du récit de tous les récits, sachant que nous ne connaîtrons jamais les plus anciennes cosmogonies.

Le texte de la Genèse biblique a aussi des origines qui prennent racine dans les textes sumériens de l'Epopée de Gilgamesh. On y retrouve le paradis perdu, la femme source du péché originel et née d'une

« côte », l'épisode du Déluge... La cosmogonie sumérienne décrit deux catégories de dieux, les Anunnaki et les Igigi ; ces derniers travaillent pour les premiers, mais ils finissent par se révolter. Alors les dieux dominants créent les hommes pour faire le travail et nourrir tous les dieux. Le récit donne une explication pour les origines de l'Homme. Rien de tel dans la Genèse.

En fait, la Bible est le récit le moins cosmogonique de tous les systèmes religieux et mythiques. D'une certaine manière, il fallait un début et il se nourrit de traditions cosmogoniques plus anciennes très répandues depuis le IIe millénaire avant J.-C. Cependant, le mythe de la Création récuse l'apparition des éléments du Cosmos à partir d'un état antérieur. Aucune explication n'est donnée. Le dieu créateur et éternel crée le monde, se satisfait de la beauté de son œuvre et se repose le septième jour. Ce récit marque une rupture avec les autres cosmogonies et s'appuie sur un concept très particulier avec un commencement du monde *ex nihilo* et une fin. L'Univers est unique, il n'y a pas de recommencement, les hommes, les humains, n'ayant qu'une seule vie devant eux.

Le texte de la Genèse est cependant l'un des moins confus sur l'apparition des diverses composantes du Cosmos. Les éléments du ciel et de la terre, comme les animaux, ne se confondent pas entre eux. Dans un premier temps, il y a la création du monde de la matière ; puis du monde de la vie et, en dernier, les hommes et les animaux. Cela n'en fait pas un texte scientifique pour autant au regard des sciences de l'Univers, de la Terre et de la vie. Il n'est guère plus utile de soulever les incohérences de choses aussi banales que logiques, et bien connues de la part du commun des mortels, comme le Soleil et la Lune créés le quatrième jour. Les six jours de la Création se divisent en deux cycles de trois jours. Dieu crée d'abord les cieux et la Terre, puis sépare la lumière des ténèbres, appelant l'une le jour et l'autre la nuit. Puis, le deuxième jour, il sépare les eaux d'au-dessus de celle d'en dessous, avec une étendue entre les deux qu'il appelle le ciel. Puis, le troisième jour, il demande à la terre de produire les végétaux. Ce n'est pas Dieu qui crée les végétaux dans leur diversité, c'est la terre ! Cette formulation offre un vaste champ d'interprétations possibles.

Le deuxième cycle commence avec la création du Soleil pour illuminer le jour et de la Lune pour éclairer la nuit. Alors d'où venait la lumière première ? Des autres étoiles ? Y aurait-il une lumière et des jours plus vastes, ceux du premier cycle, alors qu'à partir du quatrième jour commencent les vrais petits jours des humains rythmés par les mois et les années. Non seulement le Soleil apparaît le quatrième jour, mais aussi après que les végétaux ont recouvert la Terre. Puis arrive le cinquième jour avec les animaux des eaux, les poissons et tout ce qui est aquatique, et ceux du ciel, les oiseaux. Contrairement aux végétaux, cette fois Dieu crée lui-même tous ces animaux, rappelant en cela, peut-être, l'étymologie du mot animal : qui est animé d'une âme active. Puis arrive le sixième jour avec les animaux terrestres, dont les serpents, avec, en dernier, l'Homme à l'image de son Créateur. On remarque que l'Homme n'a pas le privilège d'avoir un jour de la Création que pour lui ! Ainsi, le troisième comme le sixième jour bénéficient d'une double création ; respectivement les eaux et les terres émergées, suivis des végétaux, et, pour le second cycle, les animaux et les hommes.

On peut dire que l'affaire est assez vite expédiée et que l'Homme n'a pas de statut particulier, si ce n'est de ressembler au Créateur qui, satisfait de son œuvre, décide de se reposer le septième jour. Avec un peu d'ironie, on peut déceler un soupçon de désinvolture. Ceux qui ont écrit ce texte savent fort bien qu'il y a des incohérences. On demande de le prendre tel quel, sans vraiment chercher à comprendre car, en fait, ce n'est pas cela le plus important. En lisant ce texte à la lettre, on peut railler les incohérences, comme le Soleil qui se pointe au quatrième jour. Mais on peut aussi rechercher des concordances avec un premier cycle pour la création de l'Univers, puis des cieux et des végétaux, pourquoi pas dans les profondeurs des océans sans recours à la photosynthèse, et ensuite le développement de la vie hors des eaux et sur la Terre. Quoi qu'il en soit, on note que les moments de la Genèse distinguent nettement des catégories parmi les objets célestes et parmi les formes terrestres, comme les grandes classes d'animaux, en tout cas bien mieux que dans la plupart des autres cosmogonies. En fin de compte, affirmer que le texte de la Genèse dit la vérité scientifique sur le monde et son commencement ou railler ce texte à partir des connaissances scientifiques ou encore forcer les concordances n'a strictement aucun intérêt. Car, en fait, ces six jours de la Création ne sont qu'un exercice obligé. On retrouve ce genre de rhétorique au siècle des Lumières, fasciné par les origines, comme chez Rousseau à propos des origines des inégalités. Rousseau n'a que faire « du bon sauvage » dans sa réalité, pas plus que Hobbes lorsqu'il dit que « l'homme est un loup pour l'homme ». Ce qui importe, c'est de postuler un état des origines dicté par le besoin de l'édification d'un système social et politique. Les origines en soi, surtout si elles n'intéressent pas directement l'Homme, ne sont d'aucune pertinence. Que les sauvages soient bons ou mauvais ou que le monde ait été créé en six jours ou pas, est-ce que c'est là-dessus que reposent le contrat naturel, le contrat social ou le rapport à Dieu ?

La prise de pouvoir

La véritable importance est dans la suite, qui nous entraîne sur le terrain des sciences humaines. Le texte de la Genèse détache l'Homme des autres formes de la nature et lui confère la possibilité d'un avenir, d'une histoire. Ce qui existait avant ou pas, ce qui concerne la nature ne lie pas l'Homme au passé et au mythe. Le Soleil, la Lune, la lumière, les végétaux comme les animaux sont là pour l'Homme, qui doit commander à ces derniers et les nommer. Nommer est un acte créateur second qui octroie un formidable privilège à l'Homme. Ce qui compte dans la nature, c'est ce que l'Homme en dit et en fait.

Le récit de la Genèse et ceux qui suivent, comme l'Exode, se déroulent dans l'histoire, ce qui veut dire chez les hommes et leurs sociétés. Il reprend des événements souvent attestés par ce qu'on sait de cette époque, en tout cas il s'en inspire. Mais pour autant, les premières parties de la Bible ne constituent pas un livre d'histoire. C'est certainement de là que proviennent toutes ces ambiguïtés à propos de la valeur scientifique et historique de ces textes. Contrairement à la plupart des mythes et des cosmogonies, ils intègrent des connaissances sur la nature, présentées avec une certaine confusion comme on l'a vu, et des faits historiques qui, pour certains, sont bien documentés. D'où l'attitude épistémologiquement très discutable de toutes ces recherches philologiques et surtout archéologiques pour retrouver le tombeau de tel personnage de l'Ancien ou du Nouveau Testament, ou encore les débris de l'arche de Noé sur le mont Ararat. En soi, de telles recherches se légitiment, mais leur véritable objectif est de trouver une preuve objective d'un événement relaté dans les textes, ce qui autorise à défendre une position radicale et fondamentaliste : si cet événement a bien eu lieu, alors tout ce qui est écrit est vrai, même sur la création du monde.

En introduisant des éléments factuels, les premiers textes de la Bible se distinguent des autres cosmogonies qui font intervenir des entités diverses et surnaturelles, dont personne n'aura l'idée d'aller vérifier si on peut prouver leur véritable existence. Cette particularité est à double tranchant. D'un côté, ceux qui se réfugient dans le littéralisme et le fondamentalisme, et qui refusent l'histoire, le changement et l'évolution, espérant fébrilement le retour à un âge d'or qui, en fait, n'a jamais existé. Adam et Eve ne sont pas chassés du Paradis pour y retourner, mais pour procréer, se multiplier et engendrer le genre humain. D'un autre côté, l'interprétation du message biblique doit prendre en compte l'histoire et l'évolution des sociétés, ce qui, nous le savons, n'a rien d'évident comme le rappellent les confrontations d'hier à aujourd'hui avec les avancées des sciences et des mœurs.

Les premiers textes de la Bible sont ainsi moins intéressants par les réponses scientifiques qu'ils pourraient apporter que par les questions abordées, d'autant qu'ils concernent une période fascinante et de mieux en mieux connue de l'évolution récente de l'Humanité entre la préhistoire, la protohistoire et l'histoire. Après l'épisode du Déluge, les trois fils de Noé – Sem, Japhet et Sam – se séparent « et s'en vont établir leurs langues et leurs nations ». A partir d'une seule famille, d'une souche unique, les peuples se dispersent sur la Terre. C'est là que l'épisode de la tour de Babel devient étrange. Car, s'il y a eu dispersion des peuples et divergence des langues, comment expliquer que tous les peuples qui se lancent dans l'édification du projet babélien parlent une seule langue ?

Les exégètes ont beaucoup commenté sur cet épisode décrivant la prétention des hommes à s'élever vers Dieu par l'architecture et moins par leur dévotion envers lui. Ne faut-il pas y voir aussi une métaphore de la foi car, si on construit une tour pour rejoindre Dieu, n'est-ce pas aussi entamer une démarche visant à vérifier s'il existe, là-haut, dans les cieux ? Il faut donc moins y voir une critique de la méthode scientifique qui consiste à vérifier ce qui est dit, et qui ne s'applique qu'à la connaissance de ce qui a été créé, que de ce que doit être l'attitude et l'humilité du croyant.

La période qui s'intercale entre l'arche de Noé et la tour de Babel décrit la diaspora de notre espèce *Homo sapiens* depuis un berceau unique. C'est un modèle évolutionniste, darwinien par excellence. C'est justement parce que les hommes se déplacent avec leurs gènes et leurs langues que leurs diversités respectives dessinent des arbres de parentés identiques. Ces arbres linguistiques et phylogénétiques s'enracinent sur l'Afrique orientale et le Proche-Orient. La diversité des langues devient une punition dans le contexte babélien, mais est présentée comme un fait consécutif à la dispersion des peuples selon un processus naturel de divergence. La dispersion babélienne n'est pas la conséquence d'une punition, mais une belle métaphore anthropologique du peuplement de la Terre par des populations qui divergent génétiquement et linguistiquement. L'anthropologie linguistique moderne reconstitue le chemin inverse grâce à la reconstitution des arbres de parenté des gènes et des langues. De tous les épisodes bibliques, celui de la tour de Babel est l'un des plus anthropologiques, à condition d'en appréhender toute la complexité. C'est l'étude comparée des langues depuis le début du XIXe siècle et la linguistique, de Saussure à Claude Lévi-Strauss – sans oublier Charles Darwin passionné par ces approches –, qui fondent les méthodologies qui mènent aux origines. Grâce aux langues et à leur histoire, on peut dire : « Que les origines et l'évolution de l'Homme soient ! »

Le monogénisme et l'unité du genre humain

L'unité du genre humain est une question qui hante l'humanité depuis que des peuples, séparés par les circonstances de leur évolution et de leurs migrations, se retrouvent en contact après de longues séparations. L'exemple le plus marquant et le plus dramatique date de 1492, quand des Européens rencontrent des Amérindiens – ce n'était pas la première fois, comme pour les Vikings au XIe siècle, mais sans lendemain ; un répit pour les Amérindiens. Ce choc des mondes suscite des interrogations des deux côtés : s'agit-il des mêmes créatures de Dieu pour les Européens ? Sont-ils vraiment des dieux pour les Amérindiens ?

Pendant que des Amérindiens plongent des corps d'Européens dans l'eau pour vérifier s'ils se décomposent et s'ils sont des dieux ou pas, les actes de barbarie commis par les Conquistadors conduisent Charles Quint à convoquer une réunion à Valladolid, avec la célèbre controverse. Dans les siècles qui suivent, d'autres Européens, du Nord, se livreront aux mêmes exactions avec un sinistre bilan : plus de 80 millions d'Amérindiens éliminés par les épidémies et les massacres. Comme dans l'Apocalypse, ses cavaliers de la dévastation sont venus de l'est portés par de lourds vaisseaux chargés de malheurs. Il en sera de même pour les Aborigènes d'Australie et de Tasmanie. En chaque circonstance, les migrants envahisseurs se justifient en arguant que ces peuples autochtones ne sont pas des hommes. Comment une partie des Eglises a-t-elle pu aller ainsi à l'encontre du monogénisme biblique ?

La question de l'esclavage se pose dans les mêmes termes. Lorsque Charles Darwin navigue sur le *Beagle* en compagnie du très conservateur et croyant Fitz-Roy, le commandant du navire, il se heurte à ce dernier sur la question de l'esclavage. Pour les conservateurs très anglicans, le monde a été créé tel quel et chaque chose, et donc chaque population humaine, est à la place que lui a assignée le Créateur. Il est évident que, dans la diversité des Eglises, il n'y a pas que des Las Casas qui défendaient la cause des Amérindiens à Valladolid, ni des abbés Grégoire à l'origine de l'abolition de l'esclavage en 1792. Hélas, l'esclavage est réhabilité dans les colonies par Napoléon en 1803, lui qui disait volontiers : « Ne touchez pas à ma Bible ! » Notre grand empereur aurait mieux fait de la relire sur la question de l'égalité des peuples issus des fils de Noé. Au lieu de cela, il laisse un Cuvier, membre de la société biblique, étouffer la biologie transformiste de Lamarck et de Geoffroy Saint-Hilaire. Il en sera de même avec Richard Owen, grand paléontologue conservateur et croyant, ami personnel de l'impératrice Victoria, mais cette fois à l'encontre de Charles Darwin. Les paléontologues conservateurs aiment les honneurs impériaux, mais pas le genre humain, alors qu'ils se prétendent défenseurs de la Bible.

L'abolition de l'esclavage est acquise dans l'Empire britannique en 1833, grâce à l'action de William Wilberforce, soutenu entre autres par la famille de Darwin et celle de son épouse, les Wedgwood. Le grand Josiah Wedgwood, fondateur de la célèbre manufacture de faïence, fabrique le fameux « médaillon Wedgwood » sur lequel figure une esclave noire à genoux et enchaînée qui demande : « Ne suis-je pas un homme et un frère ? » (En France, il faut attendre l'action de Schœlcher et l'abolition en 1848.)

Le jeune Charles Darwin est au cœur de son voyage, qui dure de 1831 à 1836, quand l'esclavage est aboli dans l'Empire britannique. Il rencontre d'autres peuples et constate amèrement le massacre des Amérindiens d'Argentine et la disparition annoncée des Onas, les derniers survivants de la Terre de Feu. Il note dans ses carnets de voyage que partout où les populations européennes s'implantent, la biodiversité naturelle est rapidement menacée et surtout combien les autres populations et cultures humaines sont dramatiquement affectées. Partout il observe qu'entre les individus de toutes ces populations naissent des enfants, tous ces métis dont la diversité et la beauté apportent la preuve éclatante de l'unicité de notre espèce.

Tous les peuples de la Terre sont de la même espèce en raison d'une origine unique et commune, ce que l'anthropologie biologique, renforcée par l'anthropologie génétique ou moléculaire, affirme solidement depuis plus de deux décennies. Pourtant, il n'en fut pas toujours ainsi. Après la publication de *L'Origine des espèces* en 1859, émergent les sciences anthropologiques, notamment l'anthropologie physique. Un courant hélas trop dominant, notamment en France, soutient un programme de recherche dit « racialiste ». Le paradigme majeur de cette école est le « polygénisme » avec l'objectif de démontrer que les différentes populations humaines sont issues d'origines indépendantes, en tout cas prenant leurs racines très profondément dans le temps. On retrouve cette affirmation – car il ne s'agit pas d'une hypothèse scientifique, au demeurant tout à fait recevable en tant qu'hypothèse à vérifier par des études appropriées –, mais d'une affirmation consolidée par des faits choisis dans ce sens, et non pas soumise à la réfutation. Au lieu de cela, sont réfutés les faits qui la réfutent, ce qui constitue une négation de la méthode scientifique, trop courante chez tous les effarouchés de l'unicité de notre espèce et, sur un registre plus large, de nos origines communes avec les grands singes.

Au XIXe siècle, un anthropologue évolutionniste célèbre n'hésite pas à faire descendre les populations noires des gorilles, les populations jaunes des orangs-outangs et les populations blanches des gibbons. On en sourit, mais bien tristement car, dans l'exégèse biblique comme en science, les pires convictions mènent à des lectures détournées ou à des propositions pseudo-scientifiques ahurissantes. Comment imaginer que des populations humaines interfécondes – ce qui est le critère de l'espèce biologique – puissent être issues de différentes espèces de grands singes qui, quant à elles, ne sont pas du tout interfécondes ? Au moins là-dessus le texte de la Genèse est très clair en établissant les espèces dans leur identité, avec le critère de reproduction puisque Noé embarque un géniteur de chaque sexe par espèce sur son arche.

La thèse polygéniste a connu bien des avatars. Elle est mise en avant par les libertins du XVIIIe qui fustigent ces « vieilles lunes » bibliques. L'enjeu ici est tout autre que celui de la fin du XIXe siècle. Ce mouvement philosophique soutient les avancées des sciences que le parti des dévots exècre tandis que Giulio Vanini meurt sur le bûcher à Toulouse en 1619 pour avoir suggéré la proximité de l'Homme et du singe. Le polygénisme est un des motifs parmi d'autres pour critiquer et combattre l'obscurantisme religieux qui, en ce temps comme de nos jours, s'oppose aux avancées des sciences. Le moins qu'on puisse constater, c'est que tout cela n'est pas d'une simplicité biblique.

La théorie de Darwin mène à une conséquence logique : si l'homme actuel, en tant qu'espèce, partage un ancêtre commun avec un grand singe, alors le monogénisme s'impose. Aujourd'hui, les discussions scientifiques autour des origines de notre espèce *Homo sapiens* concernent non pas le monogénisme, mais les processus complexes autour des migrations, des remplacements et des métissages depuis plus de 50 000 ans. Cela appelle une dernière remarque. On lit trop souvent que le racisme est infondé puisque la science, dont la génétique, montre qu'il n'existe pas de race. Dire cela, c'est mettre à la fois l'éthique et la science en danger. Les trois ou cinq races classiques des racistes n'existent pas, en effet. Mais certaines populations sont plus proches les unes des autres pour toutes les raisons évoquées à propos de nos origines et de notre évolution. Dire qu'il n'existe pas de différences génétiques et morphologiques entre les populations humaines, c'est nier notre évolution. Ce qui fait la beauté et vivacité d'une espèce, c'est justement la diversité. Imaginons que l'anthropologie génétique, qui avance très vite avec les moyens modernes du séquençage du génome, redéfinisse des « races ». Est-ce que cela justifie le racisme ? Il est affligeant que des personnalités politiques, scientifiques et intellectuelles en arrivent à invoquer la science pour combattre une abomination comme le racisme. (On retrouve la même pseudo-argumentation pour combattre le sexisme, arguant qu'il n'y a pas de différence entre les femmes et les hommes.) Misère de l'éthique quand elle n'est même plus capable de se fonder sur des valeurs et des principes face à la diversité. Si la nature fait de la différence, les questions d'égalité sont du domaine des valeurs, quels que soient les fondements biologiques et culturels de ces différences.

Nous naissons tous biologiquement différents, mais égaux en droits. La science comme la Bible ne contiennent pas les réponses à ces grandes questions d'éthique ; mais l'éthique se construit de leurs apports possibles selon des valeurs communes qu'il faut sans cesse défendre. Il y a un message très clair dans la Bible sur l'unicité de notre espèce avec les trois fils de Noé ; il y a aussi un message humaniste d'une forte modernité dans le livre de Charles Darwin de 1871 dans lequel il démontre que les différences entre les populations humaines sont moins le fait de l'adaptation biologique par voie de sélection naturelle que la conséquence des choix de la sélection sexuelle. Autrement dit, si les populations humaines se différencient les unes des autres, c'est parce que les femmes et les hommes décident de critères distincts pour s'aimer. Aimer vous les uns les autres dans vos différences n'est pas encore, hélas, un message bien compris dans les religions comme en science.

Le mythe du Déluge

Une des grandes tentations des archéologues est de trouver des vestiges de lieux relatés dans les Ecritures, comme les débris de l'arche de Noé sur le mont Ararat, le tombeau du Christ et d'autres ou des villes disparues. Le très célèbre épisode de la redécouverte de la ville de Troie par l'archéologue H. Schliemann à partir des indications géographiques de

L'Iliade légitime une telle démarche. L'archéologie est alors au service d'une histoire déjà écrite. Depuis quelques années, la géologie entre dans cette approche, avec la recherche d'événements majeurs qui correspondraient à ceux relatés dans les textes sacrés. Ainsi, l'immense explosion du volcan de l'île de Santorin serait à l'origine du mythe du continent perdu de l'Atlantide. Est-ce que le passage de la mer Rouge, avec la séparation des eaux, se corrèle avec un événement tectonique dans une région particulièrement instable ? Si un tel événement a pu avoir lieu entre la plaque arabique et la plaque africaine, il remonte à des époques qui se comptent en millions d'années. C'est le cas aussi de l'assèchement de la Méditerranée, il y a 6 millions d'années, alors que notre lignée se sépare à peine de celle des chimpanzés. La mémoire de tels bouleversements s'est perdue à jamais. Par contre, les hommes ont des récits sur les commencements du monde depuis des dizaines de millénaires. Des événements catastrophiques majeurs ont nourri ces récits, transmis de génération en génération. C'est peut-être le cas du Déluge et de l'expansion du Néolithique vers l'Europe depuis le Proche-Orient. Des géologues ont réuni un faisceau de données indiquant que la mer Noire se serait formée il y a environ 6 000 ans. Sous la poussée de la tectonique des plaques, le Bosphore ou « passage du bœuf » s'ouvre, libérant une gigantesque cataracte pour les eaux de la Méditerranée qui se déversent dans un fracas immense dans les plaines fertiles habitées par des peuples d'agriculteurs. Ceux-ci sont repoussés par les flots et migrent vers l'Europe, porteurs de la révolution néolithique, et leurs cosmogonies dans leurs bagages.

Le mythe du Déluge plonge aussi ses racines dans les textes sumériens et se retrouve dans de nombreuses cosmogonies. On connaît l'importance des crues pour les peuples du Tigre et de l'Euphrate, comme pour ceux du Nil ou encore, plus à l'est, de l'Indus, du Gange ou encore du fleuve Jaune. Dans les représentations du Paradis, on voit souvent une fontaine à quatre bouches, symbolisant les quatre grands fleuves : le Nil, le Tigre, l'Euphrate et le Gange. Entre la mémoire des cosmogonies, les textes et les événements catastrophiques vécus par ces populations au fil des millénaires depuis la fin de la dernière glaciation, le jeu des corrélations est tentant, voire trop facile.

Un autre événement considérable a affecté le début de Néolithique vers 8 000 ans avant J.-C. Après la dernière glaciation, les immenses glaciers qui recouvrent le nord de l'Amérique du Nord reculent. De très grandes quantités d'eau douce s'accumulent devant leur front, qui remonte lentement vers le nord. Lorsque l'estuaire du Saint-Laurent est libéré des glaces, de gigantesques flots d'eau douce se déversent dans l'Atlantique Nord, un formidable déluge ayant pour conséquence d'arrêter le Gulf Stream. Un petit âge glaciaire aussi bref que violent altère le réchauffement climatique et frappe les premiers agriculteurs. Avec l'épisode de l'ouverture du Bosphore et les fortes variations de pluviosité provoquées par ces brusques changements climatiques entre 8 000 et 6 000 ans avant J.-C., les hommes ont vécu des événements naturels de grande ampleur qui ont nourri leurs cosmogonies.

Le Déluge évoque l'impuissance des hommes devant les déchaînements de la nature et leurs conséquences dramatiques. En en faisant une action provoquée par la colère de Dieu, insatisfait de sa création et surtout des mauvais agissements des hommes, le Déluge et toutes les catastrophes peuvent être conjurées. Aujourd'hui, les scientifiques s'efforcent de prévoir ces catastrophes, avec toutes les polémiques que l'on sait, comme pour le récent séisme des Abruzzes. Dans leur malheur, les victimes survivantes remercient souvent Dieu de les avoir épargnées. Mais alors, pourquoi Dieu n'empêche-t-il pas ces catastrophes ? Telle est la condition humaine entre la nature et Dieu, les dieux ou les esprits selon les cultures.

La nudité d'Adam et Eve et la sexualité

La mésaventure du jardin d'Eden est-elle vraiment une punition ? Les événements de la Genèse donnent une bonne description de l'ambiguïté de la monogamie et de la sexualité humaine. Si Adam et Eve donnent une image du couple initial et monogame, avec l'injonction faite à Adam d'aimer sa femme, de nombreux autres personnages, et pas des moindres, comme Abraham, ont des concubines et même des enfants avec elles. Les premières parties de la Bible évoquent des sociétés de l'époque déjà fortement marquées par le patriarcat. La répudiation par Noé de son fils parce qu'il le découvre endormi, nu et ivre, en est un très bon exemple. La domination masculine se renforce d'un dieu masculin qui dicte la loi, une tradition appelée à un bel avenir pseudo-scientifique avec la psychanalyse. D'un point de vue anthropologique, dans toutes les sociétés humaines les femmes quittent leur famille après le mariage pour vivre dans celle de leur mari. Avec l'invention de l'agriculture, la possession de terres et de biens, leurs modalités d'héritage et la volonté d'avoir plus d'enfants rendent ces règles encore plus rigoureuses, avec la dégradation de la condition féminine.

Les premiers instants du Paradis sont d'une incroyable naïveté, avec l'agneau qui dort entre les pattes du lion et Adam et Eve qui vivent dans l'insouciance et une affection peu influencée par la libido. Après avoir commis le péché originel, Adam et Eve découvrent leur nudité et la dissimulent avec des feuilles de vigne. Chassés du Paradis, ils se rapprochent et fécondent une grande postérité. La condamnation de la femme sera, dit-on, d'accoucher dans la douleur.

La difficulté de l'accouchement est en effet une caractéristique du genre humain. Il ne semble pas que les femelles des autres espèces mettent bas avec tant d'efforts et de souffrances. Cependant, il arrive que les éleveurs doivent parfois apporter une assistance pour faire naître un veau ou un poulain ; ce n'est pas la situation la plus courante. Même si des femmes accouchent plus facilement que d'autres, il y a toujours un « travail » physique considérable à accomplir. L'étymologie du mot travail vient de là et dans les maternités, on évoque encore la « salle de travail », expression remplacée récemment par salle d'accouchement. Bien sûr, la pauvre Eve n'est pas à l'origine de cette malédiction qui remonte aux premiers hommes, les *Homo ergaster*, soit deux millions d'années avec l'écriture de la Bible.

Les premiers représentants du genre *Homo* se distinguent alors par une plus grande taille corporelle, une bipédie comparable à la nôtre, un bassin en cuvette court de bas en haut et un plus gros cerveau. En vue de dessus, la forme de l'ouverture entre les ailes du bassin et les os pubiens, ce qu'on appelle le petit bassin, par où la tête du nouveau pas encore né doit passer, n'est ni circulaire ni ovale comme chez les espèces les plus proches de nous, mais ressemble à un rein ou un haricot. L'acquisition de notre bipédie très efficace s'accompagne de modification de cette anatomie du bassin, notamment des dimensions plus courtes entre la tête du fémur et le sacrum. Le sacrum constitue la base solide de notre colonne vertébrale avec la fusion des vertèbres sacrées. Il s'enfonce très bas et comme un coin entre les ailes du bassin. Ce faisant, il modifie la forme du petit bassin. Quand le nouveau-né se présente, il tourne la tête de façon à l'aligner selon le plus grand axe de ce passage en forme de haricot, puis la fléchit vers l'avant, toujours à cause de l'avancée du sacrum. C'est ainsi que le nouveau-né sort par l'avant du bassin, avec tant d'efforts et de souffrances pour lui et sa mère.

Si la Création est parfaite, ce n'est pas le cas de l'évolution. (La Bible propose une explication qui ne peut être due qu'à la faute, celle de la femme.) L'évolution en donne une tout autre explication. Il est possible que les difficultés de l'accouchement précèdent l'émergence du genre *Homo,* notamment chez Lucy. Les reconstitutions de la parturition évoquent un mécanisme comparable – car les australopithèques étaient bipèdes et avaient un bassin court et en cuvette –, mais avec des discussions quant à savoir si les femelles accouchaient dans la douleur, puisque leur cerveau était deux à trois fois plus petit que le nôtre pour un bassin de dimensions presque aussi grandes.

Avec le genre *Homo,* des contraintes sévères apparaissent par la faute de la conjonction de deux tendances évolutives indépendantes : l'acquisition d'une bipédie très évoluée et celle d'un cerveau plus grand. On estime que, compte tenu de la taille actuelle de notre cerveau, la gestation devrait durer deux fois plus longtemps dans notre espèce. Ce qu'il faut comprendre, c'est que depuis deux millions d'années la taille de notre cerveau a presque doublé alors que les dimensions du bassin des femmes n'ont quasiment pas changé. Depuis ce temps-là, les femmes qui avaient une grossesse de plus de neuf mois ne pouvaient pas mettre au monde des petits avec des cerveaux trop gros. Tel est le fardeau douloureux que l'évolution fait peser sur les femmes et notre succès reproducteur.

On lit souvent que le petit humain naît plus fragile et immature que les petits des grands singes. Ce n'est pas aussi simple que cela. Le petit humain fait entre 3 et 4 kilogrammes à la naissance et possède un cerveau d'environ 400 centimètres cubes. A comparer avec les petits gorilles ou les petits chimpanzés qui pèsent moins de deux kilogrammes avec un cerveau de nouveau-né de 200 centimètres cubes. Pourtant, ils n'ont rien d'immature, et ce n'est évidemment pas le cas du petit humain, deux fois plus gros. En fait, il est plus léthargique parce que la croissance de son cerveau se prolonge pendant plus de 10 mois comme s'il était *in utero*. Le cerveau réclame au moins 80 % de l'apport alimentaire journalier. Alors le petit humain dort beaucoup pour faire des neurones et développer leurs connexions. Il demande beaucoup de soins et d'assistance de la part de la mère qui, à son tour, a besoin qu'on l'aide. C'est là qu'intervient une caractéristique de notre espèce : l'investissement parental des mâles. Ce qu'on appelle la monogamie, très répandue chez les oiseaux et très peu chez les mammifères, repose sur la nécessité de compter sur le mâle pour l'éducation du jeune mais aussi pour soutenir sa femelle en lui apportant assistance et nourriture. Toutes les sociétés humaines font obligation aux hommes de participer à l'éducation des enfants dont ils sont les géniteurs ou des enfants apparentés, comme ceux de leurs sœurs. Toutes les lois et les coutumes autour de toutes les formes de mariage connues parmi les peuples de la Terre reviennent à ces obligations.

L'espèce humaine pratique la monogamie/polygamie. La plupart des sociétés pratiquent la monogamie et aussi la polygamie pour les hommes. Mais il existe aussi des sociétés qui admettent la polygamie des femmes. De cette diversité des pratiques admises – sans évoquer les pratiques dissimulées –, l'espèce humaine se distingue par la tendance à rechercher un partenaire avec lequel s'établit une relation affective forte et exclusive, parfois pour des relations brèves, parfois pour des périodes plus longues, parfois pour toute la vie. C'est là qu'intervient notre sexualité si particulière, et qu'Adam et Eve se découvrent dans toute leur nudité.

La femme et l'homme ne sont pas des singes nus. Nous avons acquis une pilosité particulière avec des poils courts sur l'ensemble du corps, des cheveux qui poussent continûment chez les deux sexes et la pilosité pubienne. Cette pilosité et la bipédie dissimulent le sexe des femmes. D'autre part, les femmes ne présentent aucune modification morphologique et comportementale évidente autour de leur période d'ovulation. Il y a dissimulation de l'ovulation associée à une érotisation du corps et une réceptivité sexuelle quasi permanente. Cette érotisation se manifeste au moment de l'adolescence avec l'apparition de la pilosité pubienne, le développement de la poitrine et des fesses, le creusement de la taille et l'accentuation de l'échancrure des reins. Le corps de l'homme passe aussi par des transformations avec une taille corporelle plus grande, l'élargissement des épaules, l'allongement du pénis, le développement des pilosités pubienne et faciale et la mue de la voix. De tels changements en fin d'adolescence chez les deux sexes ne sont connus que dans notre espèce. Tout cet arsenal sexuel intervient dans les jeux de séduction et d'attachement entre deux partenaires. Chez les espèces dont le succès reproducteur dépend en partie de l'assistance des mâles, le choix du ou des partenaires passe par de longues périodes de parades, de cour et de séduction. Notre sexualité présente donc une étrange ambiguïté, des corps faits pour séduire et retenir un partenaire, mais des corps qui attirent aussi les autres.

Cette érotisation du corps pourvoyeuse de plaisirs et d'échanges amoureux se retrouve dans de nombreuses cosmogonies, et tout particulièrement dans la Bible avec le magnifique Cantique des cantiques. Toutes les sociétés humaines ont intégré cette particularité de notre sexualité, favorisant parfois les choix des amoureux ou en allant à leur encontre pour de multiples raisons sociales, politiques et religieuses. Mais surtout, elles ont toutes édicté des lois et des règles qui condamnent plus ou moins sévèrement les adultères, le plus souvent envers les femmes. Un des commandements de la Bible est de ne pas convoiter la femme de son frère ou de son voisin ; une obligation que l'on retrouve aussi dans le serment d'Hippocrate, un médecin ne devant pas séduire ou se laisser séduire par une patiente.

Le bannissement du Paradis et ses conséquences sur les relations de femme et d'homme entre Adam et Eve relève avec pertinence la singularité de notre sexualité. Plus que signifier la découverte de la pudeur, l'apposition d'une feuille de vigne sur les régions sexuelles décrit les multiples inventions d'habits et de costumes destinés à ne montrer que certaines parties du corps. Les femmes et les hommes jouissent du magnifique privilège de pouvoir jouer avec leur sexualité. L'érotisme, c'est le déplacement subtil d'une feuille de vigne. Le sexe et l'érotisme se retrouvent sous les formes les plus métaphoriques dans la plupart des cosmogonies ; dans la culture occidentale, l'érotisme, les fruits et le vin entrent dans les jeux d'Eros et Bacchus.

Le Paradis perdu

Un grand archéologue spécialiste du Néolithique a écrit un livre intitulé *Et ils sortirent du Paradis*. Pourquoi des populations humaines, dans différentes régions du monde et juste après la dernière glaciation, inventèrent-elles l'agriculture et le dur labeur qu'elle exige ? Le bannissement du Paradis impose à l'homme de se procurer de la nourriture à la sueur de son front. Nous n'en connaissons pas toutes les raisons. Par contre, on sait de mieux en mieux la séquence de ces changements.

Il n'y a jamais eu de Paradis. Les deux millions d'années d'évolution du genre *Homo* sont celles de chasseurs-collecteurs qui exploitent toutes les ressources possibles grâce à leurs formidables capacités d'adaptations biologiques, techniques et culturelles. Le long âge de la pierre taillée ou Paléolithique n'était ni un enfer ni un paradis. Il est vrai que l'iconographie courante de la préhistoire montre des femmes et des hommes affreux, sales et affamés, vêtus de hardes loqueteuses. Pourtant, ils enterrent leurs morts et se parent depuis des centaines de milliers d'années. Pour aller à l'encontre de ces clichés, l'anthropologue Marshall Sahlins a publié *Age de pierre, âge d'abondance*. Il démontre, chiffres à l'appui, que les femmes et les hommes des populations de chasseurs-collecteurs ne consacrent pas plus de quatre heures par jour à la chasse, la collecte et la cuisine ; tout ce que nous n'avons plus le temps de faire dans nos sociétés modernes et considérons comme des loisirs ! Alors, pourquoi nos ancêtres récents sont-ils sortis du Paradis ?

La vie des chasseurs-collecteurs comporte aussi des fardeaux, tout en précisant que les derniers peuples dits traditionnels vivent dans des habitats marginaux délaissés par les éleveurs et les agriculteurs. La quête du Paradis et autres Eldorados a hanté les monothéismes, et tout particulièrement la chrétienté et la culture occidentale. Les grands voyages finissent par éliminer tout espoir de paradis terrestre. Mais cette idée tenace revient avec la découverte de l'exotisme des peuples lointains, plus particulièrement des régions tropicales et très arborées, tout particulièrement les îles du Pacifique et, aujourd'hui, les derniers Amérindiens d'Amazonie. L'idéalisme naïf des jardins d'Eden hante les peuples des cités et probablement celle de tous les peuples horticulteurs et agriculteurs. C'est même devenu une quête affligeante avec le tourisme moderne qui expédie des cargaisons entières de nantis des villes qui viennent s'extasier devant l'authenticité des derniers peuples traditionnels, obligés de parodier leurs danses, leurs chants et leurs musiques pour quelques maigres ressources ; tristes tropismes !

Sans l'agriculture, point de grandes civilisations, mais à quel prix ! Pour que des populations humaines acceptent de travailler aussi dur, il fallait inventer des promesses non tenables ici-bas. Pour cela, pas question de revenir en arrière, de se retourner, sous peine d'être transformé en statue de sel, comme la femme de Loth. Cet épisode de la Bible évoque la condamnation des habitants de Sodome et Gomorrhe à cause de leurs dépravations sexuelles – l'adultère, l'homosexualité et la sodomie ; ce qui n'empêche pas les filles de Loth d'enivrer leur père pour s'accoupler avec lui à son insu et perpétuer leur race. Il n'est pas question, chez ces peuples d'agriculteurs, que la semence soit dispensée hors de la reproduction et de la filiation. La loi des pères s'impose et, s'il y a inceste, ce n'est pas de leur faute. C'est toujours la faute des femmes et des filles. On retrouve de telles situations dans de nombreux récits mythologiques, comme celui d'une sexualité ancestrale ou primitive libertaire – ce qui n'a jamais été vraiment avéré – et le rôle régulateur du père qui, par le contrôle des femmes et des filles, permet d'instaurer la société et la loi. Alors les fils se révoltent et, en tuant le père, commettent le meurtre originel et fondateur. Du mythe d'Œdipe à *Totem et Tabou* de Freud – sans oublier la parodie désopilante de Roy Lewis *Pourquoi j'ai mangé mon père* –, on s'étonne de la persistance de cette conception patriarcale et machiste des civilisations occidentales. Le modèle du père méditerranéen n'est certainement pas universel, ce qui n'empêche pas le patriarcat et le machisme de prospérer chez tous les peuples d'agriculteurs.

Pour l'heure, les préhistoriens et les anthropologues en restent aux hypothèses quant à l'émergence des différents foyers d'invention des agricultures au Proche-Orient, dans la vallée de l'Indus, au sud de la Chine, en Nouvelle-Guinée, en Amérique centrale, en Afrique occidentale et plus sporadiquement ici et là. Le dernier réchauffement climatique ne suffit pas à tout expliquer, à moins d'invoquer un « matérialisme écologique » déterministe peu concevable pour l'esprit. Au cours de ces multiples transitions vers l'agriculture, les croyances et les cosmogonies de ces peuples changent. A moins d'imaginer qu'un peuple premier dans l'agriculture – forcément du Proche-Orient et du Croissant fertile – ne se soit lancé dans une vaste entreprise de la diffusion de ses innovations – ce qui a été proposé –, il faut se tourner vers d'autres hypothèses. Il y a eu des diffusions depuis ces foyers, mais les différentes agricultures présentent des particularités régionales qui ne peuvent s'expliquer ni par la diffusion ni par les seules contraintes locales. Nous voilà revenus dans les processus de l'évolution, quand toute innovation apparaît avec un éventail de variations. Mais à la différence des autres espèces, nous avons affaire à des populations humaines et à leurs représentations du monde. La révolution néolithique a pris son temps, plusieurs milliers d'années. Quelques foyers donnent les plus grandes civilisations autour du Proche-Orient, en Inde, en Chine et en Amérique centrale. Ce ne fut pas le cas partout, comme en Nouvelle-Guinée, non parce que ces peuples sont moins intelligents, mais parce qu'ils ont été contraints par des conditions géographiques et climatiques défavorables. On ne sait pas ce qui motiva cette transition entre l'environnement et les nouvelles croyances germant comme les plantes des jardins. Toutes ces civilisations conçoivent des cosmogonies puissantes indispensables pour la cohésion de leurs sociétés, sans forcément inventer le Dieu unique ; mais presque partout s'imposent le patriarcat et la domination masculine sur les femmes. Les femmes n'avaient aucun avantage à sortir du Paradis et à écouter ce maudit serpent.

Abel et Caïn... ou Neandertal et Cro-Magnon

L'Homme moderne, *Homo sapiens*, est une espèce unique. Sans jouer sur les mots, on peut ajouter unique en son genre – *Homo* – et dans sa famille – les hominidés. Les peuples du Croissant fertile ne connaissaient pas les singes, ou très peu. Les Egyptiens vénéraient le dieu Thot – le protecteur des scribes, du langage et du savoir – représenté par un babouin hamadryas. Des populations de ces singes impressionnants vivent en Ethiopie, pays aussi voisin que mythique des Egyptiens. Les babouins hamadryas sont quadrupèdes et possèdent une longue queue, ce qui les éloigne considérablement des hommes bipèdes et sans queue. Quant aux grands singes, ils restent ignorés des cultures du bassin méditerranéen jusqu'à la fin du XVIIe siècle. La seule évocation connue pour l'Antiquité est celle des *Gorilli* ou « hommes velus » dont des peaux avaient été rapportées à Carthage par le navigateur Hannon au Ve siècle avant J.-C. Ainsi, les premières civilisations de l'est du bassin méditerranéen ne connaissaient que des animaux quadrupèdes et un seul bipède, l'Homme.

L'Homme se tient redressé et tendu entre la Terre et le ciel, avec les pieds sur le sol – et les enfers en dessous – et la tête portée vers les cieux. Au Moyen Age européen, l'Homme est au centre du Cosmos et voué à son Créateur, comme en témoigne sa bipédie qui place le cœur et la tête le plus loin possible de sa condition terrestre. (*L'Eglise mène une campagne très rude envers un animal très prisé par les mythes et les folklores populaires, donc païens, et qui a l'impudence de se déplacer parfois debout : l'ours.*) L'Homme est un microcosme à l'image de l'Univers, le macrocosme. Les parties de son corps proches de la terre sont les plus viles ; celles qui se rapprochent du ciel, les plus nobles. L'Homme est donc à l'image de Dieu et unique au cœur de la Création. Ce statut de l'Homme, à la fois unique dans son rapport à Dieu et au Cosmos, a influencé et continue à influencer la paléoanthropologie. L'échelle naturelle des espèces, héritée d'Aristote, traduit un concept fortement ancré dans la pensée occidentale du rapport de domination de l'Homme par rapport aux autres espèces et au Cosmos. L'Homme étant unique, *Homo sapiens* émerge d'une lignée tout aussi unique, dans une succession sagement linéaire et progressiste avec l'Homme moderne à son pinacle. Les derniers échelons de cette échelle ont été complétés par des espèces d'hommes fossiles, qui se redressent progressivement, mais tous avec la tête et le regard orientés vers le sol, leur triste condition terrestre. Seul *Homo sapiens* porte une tête bien droite avec le regard vers l'horizon et les cieux.

Depuis les années 1980, ce schéma dit de l'hominisation vole en éclat, la grosse branche bien droite décrivant l'évolution humaine devient un buisson composé de nombreuses petites branches avec, pour chaque époque, plusieurs espèces contemporaines. Il en était aussi ainsi pour le genre *Homo* puisque plusieurs espèces d'hommes se partageaient l'Ancien Monde il y a encore 30 000 ans. Au Proche-Orient, Neandertal et Cro-Magnon appartiennent au même complexe techno-culturel et enterrent leurs morts. Le statut de l'Homme comme espèce pensante, culturelle et religieuse s'effondre avec l'affirmation d'un homme de Neandertal comme espèce distincte de la nôtre.

La première réponse a été de faire des Néandertaliens une sous-espèce de la nôtre : *Homo sapiens neanderthalensis*. La seconde de reprendre le mythe du peuple élu, en l'occurrence de l'espèce élue, *Homo sapiens*. Cela donne une entreprise de déconstruction des Néandertaliens en leur niant tout langage, en contestant le caractère cérémoniel de leurs tombes ou les tombes elles-mêmes, en refusant qu'ils aient pu utiliser des colorants pour se maquiller ou porter des parures, en affirmant que les changements techniques et culturels consécutifs à leurs échanges avec Cro-Magnon n'impliquent que des imitations... Accepter la diversité des hommes est une chose ; admettre que deux espèces ont parcouru des voies d'humanisation similaires passant par le culte des morts, la cosmétique, les cosmologies se révèle encore difficile, même en science. Qu'il s'agisse des relations entre les hommes et les chimpanzés actuels ou entre les hommes d'hier avec les autres hommes, le mythe de l'unicité de l'Homme impose toujours son diktat chez la majorité des paléoanthropologues.

Comment expliquer la disparition des uns et pas des autres ? Comment et pourquoi notre espèce *Homo sapiens* a perdu la mémoire d'une Terre peuplée d'autres hommes ? Il ne peut s'agir que d'un long oubli, compréhensible, puisque plus de deux à trois dizaines de millénaires séparent les derniers Néandertaliens des premières écritures. On peut aussi invoquer le mythe fondateur du meurtre originel entre deux frères, celui entre Abel et Caïn ou

Remus et Romulus. (D'après Michel Serres, les grands mythes fondateurs reprennent plus souvent celui du meurtre entre frères plutôt qu'entre le père et les fils, ce dernier devenant plus prégnant quand nos sociétés modernes ont tenté de comprendre pourquoi les pères acceptèrent de sacrifier la moitié d'une génération de leurs fils dans les tranchées de la Première Guerre mondiale. Hélas, dans toute l'histoire des grandes civilisations, et depuis le sacrifice d'Abraham, les pères n'ont jamais hésité à sacrifier leurs fils.) Les explications sont à rechercher ailleurs, dans les derniers âges glaciaires.

Les hommes anatomiquement modernes entament leur expansion depuis l'Afrique orientale et le Proche-Orient il y a 60 000 ans. Ils pénètrent en Europe et en Asie occidentale, terre des hommes de Neandertal. On suppose que ces derniers sont mieux adaptés biologiquement et culturellement à ces environnements qui les ont vus évoluer. Pourtant, ils reculent, lentement. Pendant des milliers d'années, entre 38 000 et 30 000 ans, peut-être à la fois plus anciennement et plus récemment, ils échangent avec ces envahisseurs venus du Sud. Ces derniers arrivent avec des outils de pierre sur lames, des armes de jet et des harpons. Ils exploitent plus efficacement le spectre des ressources disponibles. Au fil du temps, ils occupent des territoires de plus en plus vastes, refoulant les derniers Néandertaliens dans d'ultimes refuges au centre de la France, au sud de l'Espagne, au sud de l'Allemagne, dans le Piémont italien et du côté de la Calabre. Toutes ces régions sont de montagnes moyennes et moins généreuses en ressources animales et végétales. Alors les Néandertaliens finissent par s'éteindre.

Est-ce que la seule explication accessible, celle s'appuyant sur les preuves de l'archéologie d'une supériorité technologique, suffit à rendre compte de la domination de notre espèce *Homo sapiens* sur les derniers autres hommes de la préhistoire ? C'est ce que peut dire la science. Mais les outils et les techniques seules ne peuvent pas expliquer tout cela. Il est probable que ces *Homo sapiens* arrivent avec des organisations sociales certainement plus complexes et des cosmogonies puissantes. Pourquoi dire cela ? Pour deux raisons : la première est que Neandertal et nous avons été contemporains au Proche-Orient entre 100 000 ans et 50 000 ans sans qu'une espèce prenne l'avantage sur l'autre ; la deuxième est que ce scénario se reproduit avec d'autres espèces d'hommes en Asie, comme à Java, et sans qu'on décèle des avantages techniques évidents, en tout cas à partir de ce que retrouvent les archéologues. Il ne s'agit donc pas d'une espèce d'hommes qui supplante d'autres espèces d'hommes, car unique dans sa supériorité a posteriori ; mais de populations récentes d'*Homo sapiens* qui partirent dans une aventure inouïe, non pas poussées par des changements d'environnement – même s'ils interviennent –, mais par des croyances sur le monde qui les amènent par-delà tous les horizons.

Il est étrange que ces *Homo sapiens*, qui peignent leurs représentations du monde dans les cavernes alors que des populations d'autres hommes sont contemporaines, n'aient jamais laissé d'indices révélateurs de ces autres hommes côtoyés si longtemps. L'expansion de notre espèce sur toute la Terre se solde par le terrible constat que notre succès passe par l'élimination des espèces les plus proches de nous : hier les autres espèces humaines ; aujourd'hui les grands singes ; puis les autres singes, les autres mammifères, les oiseaux, les reptiles, les poissons..., élaguant l'arbre du vivant en brisant les branches les plus proches et les plus récentes. Bientôt, il n'y aura plus d'espèces à nommer, si ce n'est une longue liste d'extinctions qui ne sera compréhensible que par les paléontologues ; avec cette question : pourquoi ? Je ne sais pas si Dieu existe. Mais si c'est le cas, quel pardon espérer pour avoir détruit la Création ; et l'Evolution ? *Homo sapiens* est le propre artisan de sa solitude à force de grandeur et de destruction. Ni Dieu ni les dieux ne pourront nous sauver, sauf à inventer de nouvelles représentations du monde pour les millénaires à venir.

CONCLUSION

La science qui désenchante, vraiment ?

« Non, la science n'est pas une illusion.
Mais ce serait une illusion de croire
que nous puissions trouver ailleurs
ce qu'elle peut nous donner. »

Sigmund FREUD,
L'Avenir d'une illusion.

Les sciences se sont longtemps défiées des origines, craignant moins les foudres des dogmes que de perdre leur âme et leur méthode matérialiste aux confins de la métaphysique. En son temps, Charles Darwin s'intéressait aux recherches très actives sur les langues et leurs structures. Les linguistes reconstituaient des arbres de parentés entre les langues et, inévitablement, en arrivaient à la question des origines des langues aryennes et même du langage. Hélas, ces spéculations menèrent à des controverses dont les échanges tenaient plus de considérations idéologiques et métaphysiques que scientifiques. La Société linguistique de Paris décida en 1864 que toute recherche sur les origines du langage sortait désormais de son champ de compétence. Il serait naïf de ne voir dans cette décision que des motivations épistémologiques, surtout si peu de temps après la publication de *L'Origine des espèces* et toutes les polémiques qui s'ensuivirent.

L'année 2009 aura célébré le 400e anniversaire de la publication par Copernic de son système héliocentrique qui expulse l'Homme du centre du Cosmos ; elle aura été aussi le bicentenaire de la naissance de Charles Darwin qui dénie à l'Homme toute création particulière. La confrontation entre ces modes d'interrogation du monde – mythologique *vs* scientifique – conduit à la condamnation de quelques scientifiques célèbres, la vérité des dogmes ne pouvant pas tolérer que l'on puisse questionner leurs fondements. Cependant, tout au moins dans le cadre de la culture occidentale, un compromis s'instaure après le procès de Galilée : « La religion dit comment on va au ciel ; la science dit comment va le ciel. » Tout va bien dans le meilleur des mondes possibles, à deux conditions : ne pas toucher au statut ontologique de l'Homme et ne pas aborder la question des origines ! Pour l'avoir oublié, Giordano Bruno (la pluralité des mondes) et Vanino Vanini (l'Homme apparenté au singe) meurent sur le bûcher au XVIIe siècle. En fait, les sciences « remettent en question » ce qui doit être admis sans aucun questionnement. Les sciences proposent d'autres réponses à des questions ayant déjà reçu des réponses. Depuis Socrate, les sociétés conservatrices craignent un mode d'interrogation qui repose sur un doute méthodologique, comme en science où rien n'est vrai tant qu'on n'a pas pu démontrer que ce n'est pas faux.

L'obscurantisme recule avec le siècle des Lumières et l'affirmation des sciences modernes au XIXe siècle. Le compromis encore possible avec les sciences du ciel va s'effondrer avec les sciences de la Terre – la géologie – et de la vie – la biologie. La découverte du temps profond, celui des âges de la Terre par la géologie, ouvre la possibilité du changement, de l'évolution. La classification des espèces replace l'Homme au sein des autres espèces, en l'occurrence des primates et des singes. Charles Darwin rompt définitivement le compromis, disant lui-même « se faisant l'effet de commettre un meurtre ». Ce meurtre est celui de la métaphysique – théologique et philosophique – qui, depuis Galilée, se considérait comme seule légitime pour évoquer la question des origines ou de l'émergence du Cosmos, de la vie et de l'Homme. Le titre du livre de Darwin publié en 1859 est explicite : *L'Origine des espèces au moyen de la sélection naturelle*. En d'autres termes, la question des origines peut être appréhendée par un mode de questionnement matérialiste. Tel est le péché originel commis par Charles Darwin, et toujours pas pardonné par les croyants les plus fébriles, ce qui n'est pas le cas de la majorité des croyants, puisque ce génie des sciences est enterré à côté d'autres génies des sciences dans l'abbaye de Westminster.

On pensait que les choses en resteraient sagement là, notamment dans le cadre de la laïcité, si difficilement acquise au début du XXe siècle. Qui aurait cru qu'à la fin de ce siècle et au début du présent les créationnismes et les obscurantismes les plus archaïques viendraient contester la théorie de l'Evolution, avant de s'attaquer aux autres sciences, avec la volonté affichée d'imposer une seule vision du monde ? Car leur dessein pas très intelligent n'est pas seulement de s'en prendre à la science, mais aussi de s'imposer à toutes les autres croyances mythologiques ou religieuses et aux modes de pensée philosophiques et surtout scientifiques.

D'un point de vue philosophique, création et évolution restent difficilement conciliables, bien que la notion de création puisse s'accommoder d'une évolution arrangée à dessein ; alors que l'évolution s'en sort bien tant qu'on identifie une antériorité, ce qui pose problème avec le concept d'origine depuis quelque chose d'inconnu. Tels sont les fondements de toutes les controverses sur les commencements du monde.

Ainsi, au fil de ces pages, nous avons abordé les questions anthropologiques soulevées par les textes de la Bible. Mais il ne faut pas, surtout pas, se méprendre sur l'intention de cet exercice. Il ne s'agit aucunement d'une tentative de réfutation ou de concordisme entre la Bible et l'état actuel des connaissances sur l'histoire récente de notre espèce

Homo sapiens. A ce propos, on ne peut qu'être agacé par l'usage inconsidéré de références à des épisodes de la Bible pour illustrer des hypothèses scientifiques sur les origines et l'évolution de notre espèce. L'*Eve mitochondriale* est sans doute l'exemple le plus célèbre. Au milieu des années 1980, plusieurs équipes publient les résultats de leurs recherches sur les origines de notre espèce à partir de l'analyse comparée de l'ADN des mitochondries, de petits organites en charge de notre métabolisme cellulaire et qui possèdent leur propre ADN dit mitochondrial ou ADNmt. Cet ADNmt ne se transmet que de mère à enfant. On peut donc reconstituer l'arbre phylogénétique de lignées génétiques féminines, jusqu'à remonter à l'ADNmt le plus ancien, celui de la première femme, donc Eve. L'effet médiatique est garanti par la grâce de ce que les psychiatres appellent la « réactualisation du mythe ». Enchantement pour certains ; désenchantement pour d'autres car, si ces recherches évoquent une Eve ou une première femme improbable, il faut accepter que les origines de notre espèce se situent plus en Afrique qu'au Proche-Orient, il y a environ 200 000 ans, et que Eve avait la peau sombre, comme sur la couverture du magazine *Newsweek* de 1987 présentant cette recherche, avec Adam et Eve ressemblant à des éthiopiens et figurant devant le célèbre arbre de la connaissance avec son serpent ondulant autour du tronc comme un filament d'ADN.

Adam a eu droit aussi à ses recherches moléculaires par la grâce des études sur l'ADN du Chromosome Y, celui qui détermine le sexe masculin et transmis de père en fils. L'arbre phylogénétique du chromosome Y épouse celui de l'ADNmt, mais avec un écart de plus de 50 000 ans pour sa racine. Alors Eve, qui dans la Bible sort d'une côte flottante après la création d'Adam, aurait attendu son Adam pendant des dizaines de millénaires ! A mélanger les mythes et les sciences, on arrive à ce genre de confusion. Il faut bien comprendre que l'Eve et l'Adam moléculaires ne sont que les plus anciens fragments d'ADN que l'on peut reconstituer. Il y avait d'autres combinaisons d'ADN à cette époque qui n'ont laissé aucune trace dans les populations actuelles en raison des multiples migrations, recombinaisons, mutations et disparitions. De la même façon que la « langue mère » se réduit à quelques bouts de mots d'une langue qui en contenait des centaines d'autres et parmi des centaines d'autres langues contemporaines il y a plus de 50 000 ans, ces fragments d'ADNmt ou du chromosome Y sont issus d'une population ancestrale, et non pas d'un homme et d'une femme, parmi des populations d'*Homo sapiens* bien plus nombreuses. Il faut comprendre que toute la diversité génétique et linguistique des populations humaines actuelles se ramène à une population d'environ 50 000 individus ancrée sur la vaste province de l'Afrique et du Proche-Orient d'il y a 60 000 ans. Mais toutes les populations humaines actuelles ne descendent pas d'une telle population qui aurait entrepris de conquérir le monde et de remplacer toutes les autres populations d'*Homo sapiens*. Car les populations d'*Homo sapiens* se baladent à pied et en bateau depuis 100 000 ans. L'histoire évolutive des gènes et des langues ne raconte qu'une partie de l'histoire du peuplement de la Terre par *Homo sapiens*, avec des migrations, des mélanges et des remplacements. Il n'y a pas de « peuple élu », mais une parenté étroite de toutes les populations humaines actuelles qui explique leur faible diversité génétique en dépit des apparences. La génétique et la linguistique comparée confirment le modèle monogéniste, mais pas celui du peuple élu.

L'épisode de l'Exode ne dit pas qu'il existât un seul peuple qui va remplacer les autres. Le peuple de Moïse vit avec d'autres peuples, dont les Egyptiens qui les oppriment. Hélas, trop de paléoanthropologues s'égarent dans ces analogies bibliques avec des concepts comme « out of Africa » ou d'« arche de Noé », avec le « passage de la mer Rouge » à la clé, à la fois pour illustrer l'expansion du genre *Homo* hors d'Afrique il y a 2 millions d'années et celle bien plus récente de notre espèce. Même si, jusqu'à l'expansion de l'homme moderne, toutes les populations humaines, depuis *Homo ergaster* en passant par *Homo erectus*, Neandertal et les premiers *Homo sapiens*, se déplacent en partie avec leurs communautés écologiques, l'Homme, depuis 2 millions d'années, est le seul grand singe migrateur qui s'est affranchi de la dépendance envers les habitats arboricoles et a été capable de pénétrer dans d'autres communautés écologiques, ce qu'aucun mammifère n'a jamais pu faire. Si, il y a deux millions d'années, les premiers *Homo* sortent d'Afrique en compagnie de leurs communautés savanicoles avec les lions, les guépards, les antilopes ou les gazelles pour s'étendre au sud de l'Europe et de l'Asie, ces communautés se retrouvent bloquées à l'est, aux confins de l'Inde, lorsqu'elles rencontrent les communautés forestières d'un autre seigneur, le tigre, entouré des cervidés. Seul l'Homme poursuit son chemin, et il en est ainsi depuis des centaines de milliers d'années, à la fois poussé par les changements climatiques et les glaciations, et aussi incité par ses représentations du monde. Notre espèce *Homo sapiens* n'a fait que donner une autre ampleur à ce qui est une histoire naturelle permise par notre évolution biologique. La diversité des gènes, des langues et des cosmogonies découle d'une historie naturelle, celle de l'expansion de notre espèce sur toute la Terre.

Les textes de la Bible s'intéressent spécifiquement à l'Homme et ont été écrits juste après une période de changements incroyablement intenses comme peut-être jamais l'Humanité n'en a connus – sauf depuis un siècle et demi –, dans une partie du monde au croisement de toutes les migrations entre trois continents. En quelques milliers d'années, des populations humaines deviennent des peuples qui inventent de nouveaux modes de production agricole mais aussi artisanale avec la céramique et les métaux ; les habitats passent de quelques cabanes accolées à des villages fortifiés puis aux cités et aux cités-Etats ; les divinités de toutes sortes composent des panthéons aussi diversifiés que toutes les langues parlées, avec tel ou tel dieu ou déesse passant d'un panthéon à l'autre, mais avec l'affirmation d'un courant qui les humanise tout en réduisant le nombre de ses divinités pour aboutir au monothéisme. Quand les premiers chapitres de la Bible sont écrits, l'Histoire est déjà en marche. Mais en plongeant leurs racines dans des textes plus anciens, ils touchent à des questions anthropologiques autour de la naissance des civilisations ; des questions à la fois d'anthropologie culturelle et biologique. La Bible se distingue par ce statut anthropologique particulier qui installe l'Homme dans un devenir dégagé de la nature et des mythes anciens qui l'attachent à sa condition naturelle. Cependant, les épisodes relatés dans la Bible ne couvrent qu'une toute petite partie de l'aventure d'*Homo sapiens*, à la fois dans le temps et dans l'espace ; dans le temps, puisque la préhistoire est ignorée comme la première partie de la protohistoire, en rappelant que notre espèce *Homo sapiens* existe depuis au moins 200 000 ans, à comparer avec les quelques milliers d'années de l'Histoire, de l'écriture et des écritures ; dans l'espace, puisque les autres peuples et les autres civilisations sont tout aussi ignorées.

Une fois de plus, le texte de la Genèse et ceux qui suivent ne cherchent aucunement à donner une description cohérente de la naissance de l'Univers, de la Terre et des espèces. Cette cosmogonie très particulière décrit l'émergence d'un monde destiné à recevoir l'Homme, et il faut le prendre tel quel, c'est tout. La science de l'Homme est l'anthropologie et en revisitant certains passages de la Bible le paléoanthropologue retrouve des grandes questions aux confins de la préhistoire, de la protohistoire et de l'histoire, et d'autres suscitées par des traits très spécifiques de notre biologie. La pertinence scientifique ou non des réponses apportées n'a strictement aucun intérêt, surtout à la lumière de connaissances souvent acquises dans les toutes dernières décennies. Ce qui fascine le plus le paléoanthropologue, c'est le caractère fondamental des questions posées, celles qui font que nous sommes des humains.

Alors, par-delà les Ecritures, est-il possible de restituer les origines des cosmogonies anciennes, celles d'avant les écritures ? Les paroles s'envolent et les écrits restent, c'est bien connu. Ce qui l'est moins, c'est que l'on peut reconstituer l'arbre de l'évolution des langues, jusqu'à retrouver une « langue mère ». A vrai dire, il ne s'agit pas d'une langue, avec son vocabulaire, sa syntaxe et sa grammaire, mais des plus anciens fragments de mots que l'on retrouve dans presque toutes les langues encore parlées de nos jours. C'est comme les fossiles, qui ne sont que les parties rares et fragiles du squelette d'organismes ayant vécu en des temps immémoriaux. Pour entreprendre ce voyage vers les origines des langues, il faut reconstituer l'arbre des parentés des langues et, en redescendant les embranchements, on arrive à une ultime souche : c'est la « langue mère ». Pour autant, ce n'est pas une langue, même pas un babillement, seulement un fragment de langage révélé par la diversité de sa descendance, et certainement pas le premier mot prononcé par les hommes. (Quelques monarques se croyant éclairés ordonnèrent que l'on isolât des enfants dès le plus jeune âge. L'idée était de vérifier que le premier mot prononcé serait « dieu ».) Ce fragment de langage constitue le repère fragile d'un début qui n'en est pas un, car il y eut d'autres langues et d'autres mots auparavant, mais tel est horizon de nos connaissances sur lequel se plante l'arbre des langues.

Est-il possible, grâce à cette méthode de reconstitution fondée sur la diversité et la ressemblance des mythes, de cheminer vers les premiers récits des origines ? Pour entamer ce voyage, non pas initiatique car scientifique, vers les origines des récits des origines, il faut se délester de la conception linéaire et hiérarchique de l'évolution des hommes et des cultures tout orientée vers l'avènement de la culture occidentale et monothéiste. Il faut se dévêtir des oripeaux de notre arrogance et comprendre, comme le suggère Claude Lévi-Strauss, que sur cette Terre il n'y a pas de peuples « primitifs » ou « premiers », pas de langues plus archaïques que d'autres, pas de cosmogonies plus irrationnelles que d'autres. Aller vers les origines, c'est embrasser la diversité et l'inciter, par la comparaison et la classification, à nous en ouvrir le chemin, vers les racines de l'arborescence des mythes encore connus. Car ces récits ont des origines et ont évolué, comme les langues, comme les catégories mentales, comme les corps. Les peuples se déplacent avec leurs gènes, leurs langues et leurs mythes. C'est pour cette simple raison, celle de la diaspora des populations de notre espèce depuis plus de 60 000 ans, que l'arbre des parentés des gènes se superpose sur celui des langues. Pourquoi n'en serait-il pas ainsi des cosmogonies et des mythes ? Claude Lévi-Strauss a entrepris cette œuvre anthropologique en étudiant les cosmogonies des Amérindiens. Il repère des éléments narratifs que l'on retrouve dans de nombreux mythes, qu'il nomme des *mythèmes*. Ces mythèmes sont aux récits cosmogoniques ce que les mots sont aux langues. La méthode est connue, avérée ; les éléments d'étude sont connus, mais ce voyage vers les origines des récits des origines n'a jamais été entrepris dans sa totalité. Les sciences semblent hésiter à s'embarquer vers une destination qui lui a toujours valu bien des problèmes.

La lecture des différentes cosmogonies dégage des éléments récurrents comme l'arbre cosmique ; l'œuf primordial ; la graine ou le coquillage initial ; l'océan primitif ; la séparation des éléments comme la terre, les eaux et le ciel ; le plongeon chamanique ou autre ; le déchirement d'une entité première anthropomorphe ; le chaos ou le tohu-bohu ; un souffle animé ou créateur ; le façonnage depuis l'argile... Ces éléments ont été inventés, puis diffusés, empruntés, modifiés ; en d'autres termes ont évolué. L'hypothèse de Lévi-Strauss rejoint la théorie évolutionniste de Richard Dawkins sur les *mêmes*, l'équivalent cognitif ou mental des gènes, mais capables de se diffuser rapidement d'un cerveau à l'autre, d'une culture à l'autre, d'un peuple à l'autre, d'une civilisation à l'autre. Le plus grand *même* jamais inventé est celui de Dieu.

La structure de la plupart des mythes des origines raconte une venue au monde et se cale sur les moments de notre vie : naissance après une rupture violente, comme notre naissance. Avant, on baigne dans un utérus chaud et humide dans lequel parviennent des bruits et des secousses du monde extérieur et encore inconnu. Naissance douloureuse et dans la violence de la lumière. Commence alors le temps de l'enfance, de l'apprentissage, des initiations ; c'est le temps du mythe, le mythe comme médiateur de nos rapports aux autres et au Cosmos. Puis, vient le temps de la grande question pour tous les mortels : qu'est-ce que la vie ?

Toutes les cosmogonies du monde peuvent se lire selon un « carré ontologique » qui situe l'Homme par son corps et son esprit par rapport au Cosmos. Notre matérialité et notre âme définissent quatre possibilités ontologiques et opposées deux à deux. Dans le totémisme ou monisme, mon corps et mon esprit s'identifient totalement à un totem, qui peut être un animal. A l'opposé, on a l'analogisme qui suppose qu'une entité du Cosmos est analogue mais pas identique à ce que je suis, ce qu'on retrouve dans l'astrologie, la numérologie... L'autre couple antagoniste se compose de l'animisme et du dualisme. Dans l'animisme, toutes les entités de la nature, dont moi, sont des formes différentes d'un même grand esprit ; le chamanisme est la forme plus connue. Dans le dualisme, il est accepté que mon corps fasse partie de ce monde, mais mon âme, mon esprit viennent d'ailleurs, d'une transcendance hors du monde matériel. Ce carré ontologique n'épuise pas toutes les cosmogonies, mais permet de les ordonner et ouvre la voie à leur étude phylogénétique. Toute classification résulte d'une évolution et le chemin vers les origines des cosmologies est ouvert.

La culture occidentale est dominée par l'anthropocentrisme et le dualisme. Mais les tentations analogiques persistent puisque les professions de charlatans patentés en vivent fort bien, avec le tour de force de s'opposer aux modes de pensée et de rationalité de la théologie, de la philosophie et de la science. L'analogisme, au contraire, identifie un individu et sa vie à un élément naturel du Cosmos (astrologie) ou une invention des hommes considérée comme indépendante des hommes – quelle contradiction ! – comme la numérologie, la cartomancie et même la morphopsychologie et la graphologie. L'image la plus aboutie de l'analogisme au sein de la culture occidentale est celle de l'homme microcosme qui serait une représentation réduite de l'univers macrocosme. Ce mythe se retrouve en théologie, en philosophie et en science. Son expression la plus aboutie est celle de l'échelle naturelle des espèces, qui guide encore les représentations les plus courantes de l'évolution. L'histoire de la vie se dessine selon un dessein en harmonie avec le Cosmos. L'histoire de la vie et des espèces – la phylogenèse – se retrouve dans sa forme la plus achevée dans l'ontogenèse des humains. C'est sous cette forme que l'évolution devient une sorte d'évidence validée par le mythe. Pour certains théologiens, l'évolution de la vie est un long processus conçu comme une procession jusqu'à l'avènement d'une espèce qui rencontre son Créateur. Dieu est au commencement et à la fin de tout. L'hominisation de Teilhard de Chardin, longtemps réprouvée par l'Eglise en raison de son caractère panthéiste, connaît actuellement un grand engouement, son idée du Christ cosmique se traduisant par celle d'un dessein qui situe Dieu au terme de l'évolution humaine. Même le panthéisme, dans toutes ses variations entre Spinoza et Einstein, se place en désaccord avec le dualisme puisqu'il identifie le tout à Dieu.

L'histoire de l'Univers, de la vie et des espèces ne s'accorde en aucune façon avec ces conceptions aussi analogiques qu'anthropocentriques. Par contre, comment ne pas être fasciné par la compréhension du Cosmos et de son histoire en recherchant des réponses dans l'infiniment petit des mondes particulaires et atomiques ? Mais il n'y a aucune monade, et donc aucune analogie possible entre un nanocosmos tapi derrière le mur de Planck et sa forme actuelle amplifiée par sa propre inflation. Même la puissante théorie mathématique des fractales n'arrive pas à enserrer l'arbre du vivant dans ses modélisations. Dans un autre registre, nombre de physiciens et de cosmologistes énoncent un principe anthropique, disant que si les constantes physiques de la matière avaient été autres, il n'y aurait pas eu l'Univers que l'on connaît, ni la vie, ni les hommes. Ô, la belle tautologie ! Les physiciens sont constamment empêtrés avec leurs constantes, comme celle inventée par

Einstein pour avoir un univers stable. Ils confondent déterminisme et contraintes ; ces contraintes avec lesquelles jouent la matière, et surtout la matière vivante, défient le second principe de la thermodynamique en se moquant de l'entropie. S'il y a de l'entropie, il n'y a pas de principe anthropique ; telle est la grandeur de l'évolution créatrice.

De la même façon que l'Univers est né de lui-même en créant son propre espace-temps, la matière à été la propre créatrice de ses structures, tout comme la vie est une évolution créatrice qu'aucun observateur des commencements n'aurait pu imaginer, même cet observateur mystérieux qui décrit Dieu travaillant à sa Genèse.

Homo sapiens est un grand singe qui a besoin de croire ; de se penser, de donner un sens à la vie, à sa vie, depuis qu'il a quitté les lisières des forêts d'Afrique. Comment l'Homme, une espèce improbable apparue dans un court instant de la longue histoire du Cosmos et dans un de ses recoins minuscules, peut-il prendre conscience de sa place dans l'histoire de la vie et de l'Univers ? Comment donner une signification, un sens, une ontologie à son existence alors qu'il est l'un des innombrables êtres nés des jeux du hasard et de la contingence ? Quels sont les choix à faire, sa liberté, sa responsabilité ? « L'ancienne alliance est rompue : l'Homme sait enfin qu'il est seul dans l'immensité indifférente de l'Univers d'où il a émergé par hasard. Non plus que son destin, son devoir n'est écrit nulle part. A lui de choisir entre le royaume et les ténèbres. » (Jacques Monod.)

Alors on accuse la science d'avoir désenchanté le monde, comme si le savoir n'était pas un enchantement. L'erreur de tous les fondamentalismes est de s'opposer à ce qui fait que nous sommes des hommes, la volonté de savoir. Aucun mythe de la Création ni aucune cosmogonie n'a même esquissé un tel récit avec son cortège inflationniste de connaissances. Dire que nous sommes des « poussières d'étoiles » n'a rien de réductionniste, tout au contraire, puisque nous voilà incités à porter le regard vers la profondeur du ciel étoilé pour embrasser l'immensité et la beauté des récits scientifiques. Les seules révélations venant des cieux étoilés ont été captées par le génie et les instruments des scientifiques. La peur archaïque et superstitieuse du singe a éclaté devant la diversité éthologique des singes. La solitude d'*Homo sapiens* n'est pas une malédiction, mais la situation actuelle d'une évolution dont nous sommes en partie responsables. Toutes ces avancées des connaissances nous placent face à notre devenir, dont les réponses dépassent le seul domaine des sciences, mais à condition de savoir.

L'origine est une question inévitable qui ne se satisfait d'aucune réponse, puisque finit par poindre à nouveau la question obsessionnelle : mais qu'y avait-il avant ? Le mystère de l'origine nous attire vers l'inconnu, poussés que nous sommes par la science, le désir et la volonté de savoir, avec ce sentiment indicible qu'il reste quelque chose qui interpelle et résiste à notre entendement. Le génie de la science se nourrit de ce mode d'interrogation du monde qui ne cessera jamais de forger de nouvelles interrogations. Car, si un jour la science devient une révélation, son mouvement se figera et *Homo sapiens* ne sera plus.

La question des origines est une question sans fin, comme l'interrogation scientifique qui, selon le mot de Victor Hugo, a inventé le mouvement perpétuel. Il faut pourtant terminer ce petit livre sur les commencements du monde alors qu'il est impossible de mettre le mot fin à un récit sur les origines, à moins de prononcé la plus belle des formules : « Il était une fois... » Je tape le mot *Fin*, et je vois de l'autre côté de l'écran qui s'éteint le sourire du chat de Cheshire.

LA GENÈSE

LE RÉCIT DE LA CRÉATION DU MONDE

Au commencement Dieu créa le ciel et la terre.

Or la terre était déserte et vide ; les ténèbres couvraient l'abîme, et le vent de Dieu battait la surface des eaux.

Dieu dit : « Que la lumière soit ! » et la lumière fut. Dieu vit que la lumière était bonne, et Dieu sépara la lumière des ténèbres ; Dieu appela la lumière Jour, et les ténèbres Nuit.

Il y eut un soir, il y eut un matin : premier jour.

Dieu dit : « Qu'il y ait un firmament entre les eaux, pour les tenir séparées les unes des autres ». Et Dieu fit le firmament, et il sépara les eaux au-dessous du firmament d'avec les eaux au-dessus du firmament. Et cela fut ainsi. Et Dieu appela le firmament Ciel.

Il y eut un soir, il y eut un matin : deuxième jour.

Dieu dit : « Que les eaux s'amassent au-dessous du ciel en un seul lieu, pour que paraisse le sec. » Et cela fut ainsi.

Et Dieu appela le sec Terre, et il appela Mers l'amas des eaux. Et Dieu vit que cela était bon.

Dieu dit : « Que la terre produise les végétaux, les

plantes portant semence, les arbres à fruit donnant pour chaque espèce les fruits avec leur semence, sur la terre. » Et cela fut ainsi. La terre fit pousser les végétaux, les plantes portant semence pour chaque espèce, et des arbres donnant des fruits avec leur semence pour chaque espèce. Et Dieu vit que cela était bon.

Il y eut un soir, il y eut un matin : troisième jour.

Dieu dit : « Qu'il y ait des luminaires au firmament du ciel pour séparer le jour de la nuit, pour marquer les dates, les jours et les années ; que ce soient des luminaires au firmament du ciel pour éclairer la terre. » Et cela fut ainsi. Dieu fit les deux grands luminaires : le plus grand luminaire pour présider au jour, le plus petit luminaire pour présider à la nuit, et aussi les étoiles. Dieu les plaça au firmament du ciel pour éclairer la terre, pour présider au jour et à la nuit, et pour séparer la lumière des ténèbres. Et Dieu vit que cela était bon.

Il y eut un soir, il y eut un matin : quatrième jour.

Dieu dit : « Que les eaux foisonnent d'une multitude d'animaux, et que les oiseaux volent au-dessus de la terre, face au firmament du ciel. » Et Dieu créa les monstres marins, et tous les animaux qui se glissent, dont foisonnent les eaux, selon leur espèce, et tous les oiseaux ailés selon leur espèce. Et Dieu vit que cela était bon. Et Dieu les bénit en disant : « Soyez féconds et multipliez, et remplissez les eaux dans les mers, et que les oiseaux multiplient sur la terre. »

Il y eut un soir, il y eut un matin : cinquième jour.

Dieu dit : « Que la terre produise des animaux de toute espèce, animaux domestiques, reptiles et bêtes sauvages de toute espèce. » Et cela fut ainsi.

Dieu fit les bêtes sauvages de toute espèce, les animaux domestiques de toute espèce, et tous les reptiles terrestres de toute espèce. Et Dieu vit que cela était bon.

Dieu dit : « Faisons l'homme à notre image, selon notre ressemblance, pour dominer sur les poissons de la mer, sur les oiseaux du ciel, sur les animaux domestiques, sur toute la terre, et sur tous les reptiles qui rampent sur la terre ». Et Dieu créa l'homme à son image ; il le créa à l'image de Dieu : il les créa mâle et femelle. Et Dieu les bénit, et Dieu leur dit : « Soyez féconds, multipliez, remplissez la terre et soumettez-la, et dominez sur les poissons de la mer, sur les oiseaux du ciel et sur tous les animaux qui rampent sur la terre. » Et Dieu dit : « Voici, je vous donne toutes les plantes portant semence partout sur la terre, et tous les arbres qui ont des fruits d'arbre portant semence ; ce sera votre nourriture. Et à toutes les bêtes sauvages, à tous les oiseaux du ciel, et à tous les reptiles terrestres qui ont souffle de vie, je donne toute la verdure des plantes pour nourriture. » Et cela fut ainsi. Et Dieu vit tout ce qu'il avait fait, et voici cela était très bon.

Il y eut un soir, il y eut un matin : sixième jour.

Ainsi furent achevés le ciel et la terre, et toute leur armée.

Ayant achevé le septième jour le travail qu'il avait fait, Dieu se reposa le septième jour de tout le travail qu'il avait fait. Et Dieu bénit le septième jour et le sanctifia, parce qu'en ce jour il s'est reposé de tout son travail, la création, œuvre divine.

La Bible, extrait (trad. du chanoine Crampon).

Remerciements

On ne change pas une équipe aussi formidable. Une décennie après l'émission « Le singe, cet homme » réalisée avec Daniel Leconte et grâce à une rencontre suscitée par Mary Leroy, nous sommes à nouveau réunis pour revisiter la grande question des origines.

Ce livre se nourrit de deux créations artistiques et scientifiques avec la compagnie de danse de Michel Hallet-Eghayan, « Danser avec l'évolution » et « Palabres ». Les origines sont trop belles et trop grandes pour n'appartenir qu'à un seul domaine de la pensée humaine, ou à un seul mode d'expression.

Je remercie de toute mon amitié Mary, Daniel et Michel pour m'avoir poussé à inviter Alice, la muse des sciences, à danser avec les autres muses pour l'enchantement du Monde.

Table

N° d'édition : L.01EHQN001193.N001
Dépôt légal : mars 2021
Imprimé en Espagne par Novoprint (Barcelone)